과학
쫌 아는
십 대
20

생물다양성
쫌 아는 10대

김성호 글 | 도아마 그림

지구 생태계의 균형을 맞추는 다양성의 힘

풀빛

지구가 건강하려면 필요한 것은?
생물다양성!

건강보다 중요한 것이 있을까요? 없어 보입니다. 아니, 없습니다. 건강에 대한 속담 중 이런 것이 있어요. "돈을 잃은 것은 조금 잃은 것이요, 명예를 잃은 것은 반을 잃은 것이요, 건강을 잃은 것은 전부 잃은 것이다." 구구절절 옳다는 생각이 들어요. 돈도 중요하고, 명예도 중요하지만 그 무엇도 건강을 넘을 수는 없습니다.

건강한지 알아보려면 건강검진을 받아 보면 돼요. 우리나라 국민은 2년에 1회 이상 건강검진을 의무적으로 받아야 하지요. 특별한 문제가 있어 받는 특별 검진 말고 일반 검진만 해도 꽤 다양한 검사를 해요. 건강과 관련하여 이것저것 물어보는 문진부터 시작해서, 신체 계측, 혈압 측정, 시력 검사, 청력 검사, 혈액 검사, 소변 검사, 대변 검사, 심전도 검사, 치과 검사, 내시경 검사, 방사선 검사, 골밀도 검사, 인지기능 검사, 정신기능 검사……

한 사람의 건강 상태가 어떤지 알아보는 데도 이처럼 수많은 검사가 필요해요. 항목 하나하나에 대한 세부적인 내용도 엄청 많고요. 그러면 지구라는 행성 전체가 건강한지 아픈지를 알아보는 항목은 얼마나 많고 복잡할까요? 하나씩 꼽다가는 지레 지쳐 포기할 것 같아요. 하지만 그럴 필요가 전혀 없어요. 아주 간단하거든요. 지구의 건강성을 가늠하는 잣대는 딱 하나, '생물다양성'이니까요. 그러면 이다음에는 어떤 이야기가 이어질지도 알겠지요? "다양한 것이 건강하다!"

너무 간단한 것 아니냐고요? 좋아요. 한 걸음만 더 나아가지요. 생물다양성은 세 가지의 다양성을 합한 표현이에요. 종 다양성, 유전자 다양성, 생태계 다양성이 그것이지요. 종 다양성은 한 지역에 얼마나 다양한 생물종이 살고 있느냐의 문제예요. 어렵지 않아요. 우리는 이미 알고 있거든요. 다양한 생물이 살수록 건강하다는 것 말이에요.

다양한 생물이 산다는 것은 다양한 생김새가 있다는 뜻이에요. 다양한 색깔이 있고, 다양한 소리가 있으며, 다양한 냄새가 있다는 뜻이기도 하고요. 한 가지 생김새, 한 가지 색깔, 한 가지 소리, 한 가지 냄새로만 채워진 세상보다 넉넉하고 풍성하며 여유 있는 세계이지요.

유전자는 생명 현상의 본질이며, 생물체의 구조와 기능을 결정하는 열쇠이지요. 2024년 3월 31일 기준, 세계 인구는 약 81억 명이에요. 81억 명의 사람이 있지만 놀랍게도 똑같은 사람은 없어요. 사람은 모두 딱 하나뿐인 존재들이니까요.

머리, 얼굴, 목, 몸통, 두 팔, 두 다리의 생김새를 갖추고 있고 얼굴에는 눈, 코, 입, 귀가 있으며 몸 전체가 좌우대칭이라는 공통점이 있지만 모두 달라요. 이게 모두 유전자가 다르기 때문이지요. 아, 일란성 쌍둥이는 유전자가 같지 않냐고요? 거의 같아요. 똑같지는 않고요.

만약 81억 명의 유전자가 모두 같다면 어떤 일이 벌어질까요? 그 숫자에 이르기도 전에 멸종했겠지만 끔찍한 일이지요. 유전자가 같다면 환경 변화에 대처하는 방식도 같게 돼요. 81억 가지의 다양성이 존재하는 것이 아니라 혼자 있는 것과 같은 거지요. 끔찍하다고 표현할 만하지요? 모두 다른 것이, 다양한 것이 자연스럽고 건강한 거예요.

마지막으로 생태계 다양성을 볼까요? 학교 운동장 크기의 공간이 있다고 할게요. 한 곳은 사막이고, 한 곳은 공원이에요. 한 곳은 모래만 있어요. 물도 없고, 풀 한 포기 만날 수 없고, 나무도 한 그루 없고, 뜨겁고 따갑다 못해 죽을 것 같은 햇빛을 피할 그늘도 없어요.

사막에 비하면 공원은 없는 게 없다고 해야겠네요. 고인 물, 흐르는 물, 들꽃, 물풀, 나무, 버섯, 곤충, 물고기, 개구리, 새, 고라니…… 여러분이라면 어디에 있고 싶나요? 더군다나 잠시 머무는 것이 아니라 아예 산다면 어디서 지내고 싶어요? 공원처럼 다양한 생태계가 존재하는 곳이 건강하다는 것을 알겠지요?

이제 생물다양성의 세계로 들어서는 첫 계단 위에 올라섰어요. 지구 전체와 우리나라의 종 다양성, 유전자 다양성, 생태계 다양성의 현실은 어떤지, 문제가 있다면 무엇이 문제인지, 돌파구는 없는 것인지 살펴보려 해요. 지구와 그 안에 깃들인 뭇 생명의 운명에 대한 중요한 문제이지요. 짧은 설명으로도 이미 다리 힘은 생겼다고 믿어요. 자, 지금부터 한 계단 한 계단 올라가려 하는데, 준비되었지요?

차례

3장

생물다양성의 걸림돌을 디딤돌로 삼아

1장

생물다양성,
지구의 건강을
검진하는 도구

생물다양성이 궁금해

1

생물다양성(biodiversity)은 자연에 존재하는 수백만 종의 동물·식물·미생물, 그들의 유전자, 그들 삶의 터전인 생태계를 포함한 생명 현상의 모든 수준에서의 다양성을 말해. 생물다양성이라는 용어가 공식적으로 사용되기 시작한 것은 1992년 리우 회의에서 생물다양성협약(CBD)이 채택되면서부터야. 생물다양성협약은 당시 함께 채택된 기후변화협약(UNFCCC), 1994년 프랑스 파리에서 채택된 사막화방지협약(UNFCCD)과 더불어 세계 3대 환경협약 중 하나이기도 해.

건강이 어떤지 알아보려면 건강검진을 받잖아. 시력 검사, 청력 검사, 비만도 검사, 혈압 측정, 흉부 방사선 검사, 혈액 검사, 소변 검사, 대변 검사, 내시경까지 정말 수많은 검사를 하지. 그렇다면 지구의 건강은 무엇으로 가늠할 수 있을까? 바로 생물다양성이야.

생물다양성을 확인하는 기준은 무척 단순해. 앞에서 봤지? 크게 세 가지야. 종 다양성, 유전자 다양성, 생태계 다양성이 그것이지. 각 다양성은 지구에 다양한 생물이 살기를 바라는 것이고, 같은 종이라도 유전자가 다양하기를 바라는 것이고, 다양한 모습의 생태계가 보존되기를 바라는 거야. 물론 이 세 가지가 분리된 것은 아니야. 서로 밀접하게 연결되어 있으며, 어떨 때는 한 몸이 될 때도 있어. 그러면 말한 순서대로 종 다양성부터 이야기해 볼까?

종 다양성_많을수록 좋아

종 다양성(species diversity)은 지구에 사는 생물종이 다양하고, 각 생물종의 숫자도 많아야 좋다는 거야. 계속 되풀이하여 나올 것이니 종(種, species)은 개념을 정리하고 넘어갈게. 종을 설명하는 여러 이론이 있지만 현대 생물학에서는 미국의 진화생물학자 에른스트 마이어가 제창한 생물학적 종의 개념을 따르고 있어. 어떠한 두 개체가 생식적 격리라 일컫는 현상 없이 자연적으로 번식해 자손을 낳아 세대를 유지할 수 있을 때 서로 같은 종으로 본다는 이론이야. 어렵지 않지?

이참에 생물의 분류 단계에 대해서도 설명할게. 생물 분류의 기본은 앞서 설명한 종이야. 여러 유사한 종들을 묶어서 속(genus) 이라고 하며, 다시 비슷한 속들을 묶어서 과(family), 이런 식으로 해서 종<속<과<목<강<문<계의 단계로 분류해. 지구에 존재하는 생물을 가장 크게 분류한다면 동물계, 식물계, 미생물계가 되는 거야.

일정한 지역에 서식하는 생물종이 다양하고, 각 종의 분포 비율이 균등할수록 종 다양성이 높다고 말해. 종 다양성이 높다는 것은 생물학적으로 안정적이고 건강하다는 뜻이야. 종 다양성은 먹이사슬과 직접적인 연관이 있기 때문이지. 음식을 골고루 먹는 것과 편식을 하는 것, 어떤 것이 건강에 좋은지는 잘 알 거야. 종 다양성도 마찬가지야. 일정 공간에 다양한 종이 서식할수록 좋은 것이고, 각 종의 숫자 또한 많을수록 건강한 거야.

종 다양성은 생태계의 평형과 균형 유지에 필수적이야. 종 다양성이 높을수록 먹이사슬이 복잡하게 형성되어 생태계가 안정적으로 유지되기 때문이지. 두 유형의 생태계를 비교해 볼게. 생태계 A는 풀, 메뚜기, 개구리, 뱀 이렇게 네 종이 먹이사슬을 이루고 있어. 생태계 B에는 이 네 종 말고도 토끼, 사슴, 들쥐, 올빼미, 매, 호랑이 이렇게 여섯 종이 더 있고. 생태계 A에서 개구리가 멸종하면 이어서 뱀도 멸종해. 달리 길이 없으니까. 하지만 생태계 B에서는 개구리가 사라지더라도 뱀은 들쥐로부터 에너지를 얻어 생존이 가능하지.

여기에 더해 개구리만 없을 뿐 생태계 B는 여전히 작동한다는 점이 중요해. 건강한 작동은 아닐 수 있을지라도 말이야. 자, 이제 생태계 C를 상상해 볼게. 생태계 B와 종 조성은 같은데 종마다 개체 수가 훨씬 더 많은 생태계야. 어떨 것 같아? 생태계 C는 생태계 B보다 훨씬 더 건강한 곳이지 않을까?

이처럼 종 다양성이 높은 생태계는 먹이사슬이 복잡하게 얽혀 먹이그물을 이루므로 특정 종이 사라져도 먹이 관계에서 그 종을 대체할 다른 생물종이 있어 생태계 평형이 쉽게 깨지지 않아. 특정 종, 또는 전체 종의 개체 수가 너무 늘어나면 어떻게 하냐고? 걱정할 것은 없어. 먹이사슬의 구조 자체가 지닌 힘이 있기 때문이야.

먹이사슬은 고정된 것이 아니라 역동적일 뿐만 아니라 유연하게 작동해. 먹이사슬의 구조는 기본적으로 피라미드 모습이야. 상위 포식자로 올라갈수록 숫자가 적어. 상위 포식자들은 번식과

생태계 A

생태계 B

생존이 쉽지 않은 개체들이라는 뜻이기도 해. 환경의 급격한 변화와 인간의 간섭이 아니라면 좀처럼 흔들리지 않는 구조인 셈이지.

종 다양성이 감소하거나 한 생물종이 멸종하면 구체적으로 어떤 일이 벌어질까? 생물과 생물은 어떤 모습으로든 연결되어 있어. 어떤 모습으로든 관계를 맺고 있다고 해도 좋을 거야. 서로 도움을 주는 관계일 수 있고, 어느 한쪽만 도움을 받는 관계일 수도 있겠지. 종 다양성이 감소한다는 것은 그동안 맺고 있던 관계가 약해진다는 것을 뜻해. 또한 어떤 생물종이 멸종했다는 것은 그동안 맺고 있던 관계가 아예 끊어지는 것을 뜻하겠지. 맺고 있던 관계가 송두리째 사라지는 것 말이야. 더군다나 절대적인 도움을 받던 생물종이 멸종한 것이라면 남은 종의 지속 가능성 역시 위협을 받는 상황에 이르겠지.

유전자 다양성_서로 달라야 강해

똑바로 서서 두 발로 걷고, 뇌 용량이 큰 머리가 있으며, 얼굴에는 눈·코·입·귀가 있고, 목을 통해 얼굴과 몸통이 연결되며, 두 팔이 있고, 좌우대칭의 구조를 갖춘 것이 인간이라는 종의 특징

이야. 하지만 똑같은 사람은 없어. 저마다 달라. 키가 다르고, 몸무게가 다르고, 팔과 다리의 길이가 다르고, 눈 크기가 다르고, 귀 모양이 다르지. 다른 동물이 사람을 볼 때는 어떨까?

지금은 지자체에서 관리·감독하고 있지만 예전에는 개인이 독수리에게 먹이를 줄 수 있었어. 어느 날, 한 육류 가공 공장에서 근무하던 분이 작업 후 쓸모가 없어진 부산물을 독수리에서 주기 시작했지. 점점 더 많은 독수리가 모여들었고, 점점 더 많은 부산물을 주게 되었어.

그 분의 차림새는 언제나 같았지. 흰색 위생모에 흰색 가운. 그 공장에서 일하시는 수십 명의 복장이 모두 그랬어. 그래서 조금만 떨어져서 보면 누가 누군지 구분하기 쉽지 않았지.

그런데 하늘 높이 떠서 빙빙 돌던 독수리들이 그 분만 밖으로 나오면 쏜살같이 땅으로 내려오는 거야. 똑같은 위생복을 차려입은 수십 명의 사람 중 그 한 명을 구분한다는 거지. 같은 종이어도 다르다는 거야.

이러한 차이를 만드는 것은 무엇일까? 생명체가 고유하다는 것은 그 구조와 기능이 고유하다는 뜻이기도 해. 그리고 이 구조와 기능을 결정하는 것이 바로 유전자야. 그리고 유전자의 실체는 DNA지. 각 사람이 같으면서도 다른 까닭은 인간이라는 구조와 기능을 결정하는 기본 유전자는 공유하고 있지만 섬세한 부분을 결정하는 유전자는 서로 다르기 때문이야. 생물다양성에서 말하는 유전자 다양성(genetic diversity)이란 이러한 섬세한 부분의 다양성을 뜻하는 거야.

몇 가지 예를 더 들어 볼게. 평생토록 한 종을 연구하는 연구자들이 있어. 고래면 고래, 고릴라면 고릴라, 호랑이면 호랑이, 이렇게 한 종만 연구하는 거야. 이런 연구자들은 무리에 속한 개체들을 모두 구분해서 이름도 붙여 줘. 비슷비슷하지만 뭐라도 다르기 때문이지. DNA의 섬세한 차이로 말이야.

바지락 칼국수를 먹을 때 모아 둔 바지락 껍질을 한번 봐봐. 껍질 모양이 모두 달라. 모든 생물이 그래. 사람의 DNA 정보를 이용하여 친자 확인이 가능한 것도 사람이라는 종 내에 개체 단위로 식별이 가능할 만큼 유전자 다양성이 존재하기 때문이야. 사람마다 유전자가 같다면 불가능한 일이겠지.

지문을 찍어 본 적이 있니? 아주 중요한 일에서는 도장보다 지문을 사용할 때가 많아. 도장은 나쁜 마음을 먹고 똑같이 만들 수 있지만 똑같은 지문은 없기 때문이지. 일란성 쌍둥이라도 지문은 일치하지 않아. 물려받은 유전자는 같지만 지문이 형성되는 과정에서 각기 돌연변이가 진행되기 때문이야. 게다가 한번 만들어진 지문은 평생 바뀌지 않아. 사람의 신원을 가리는 데 지문을 이용하는 까닭이 여기에 있어.

무성생식을 하는 개체(세균, 바이러스 등)는 유전자가 복제된 뒤 똑같이 나누어지므로 한 세대와 다음 세대의 유전자가 같아. 이론적으로는 그래. 하지만 변수가 있어. 유전적 변이라는 변수야. 2020일 3월 12일, 세계보건기구(WHO)는 코로나19의 세계적 대유행(팬데믹)을 선언해. 세계의 모든 것이 사실상 멈춰 버렸지. 세계보건기구에서 팬데믹을 선언할 때 질병을 조금은 아는 사람으로서 나는 이렇게 생각했어. 넉넉히 6개월이면 코로나19는 관리될 것이라고 말이야. 최근의 의학과 생명공학이 얼마나 발전했는지 알고 있고, 전 세계가 서둘러 백신을 개발하고 상용화하려고 노력했으니 말이야.

하지만 웬걸, 코로나19에 대한 감염병 주기적 유행, 엔데믹이 선언된 건 2023년 6월 1일이 되어서였어. 3년 3개월이 지났으니 거의 40개월 만이었지. 코로나 시대는 아직도 끝나지 않았어. 일평균 사망자 수가 감소했고, 질병 위험도가 하락하였고, 높은 면역 수준과 의료 대응 역량 등을 감안했을 때 안정적인 관리가 가능하다고 판단하여, 코로나19의 위기 경보 단계를 '심각'에서 '경계'로 하향 조정했을 뿐이야.

정확히 표현하면 인간은 코로나 바이러스에 졌어. 더 정확히 표현하면 코로나 바이러스의 유전자 다양성 앞에 만물의 영장이라 자처하는 인간이 맥없이 무너진 거야. 바이러스를 무력화시킬 백신이 나올 즈음이면 코로나 바이러스는 이미 다른 바이러스로 변신해 있었기 때문이지. 지금 당장은 수그러들었지만 언제 또 어떤 모습으로 위세를 떨칠지 알 수 없어. 이게 바로 유전자 다양성의 위력이야. 한 종이 오래도록 살아남을 수 있게 하는 원동력이 되기도 하는 거지.

유전자 다양성은 하나의 생물종을 구성하고 있는 개체들 사이에 유전적 변이가 존재하고 있음을 뜻해. 즉 유전자 수준에서 나타나는 다양성을 말하지. 같은 종일지라도 개체들의 DNA에 차이가 있어 모양, 크기, 색 등에 다양한 특성이 나타날 때 유전자 다양성이 높다고 해.

유전자 다양성이 높은 집단은 변이가 다양하게 나타나서 전염병이 돌거나 물리적 환경이 급격하게 변하더라도 적응하여 살아남을 가능성이 높아. 따라서 유전자 다양성은 종의 생존을 위협하는 일, 나아가 멸종으로부터 종을 지켜주는 아주 중요한 요소인 거야. 종 자체도 다양해야 하지만 한 종을 구성하는 개체들의 유전자 또한 다양할 때 진짜 건강한 것이라는 뜻이야.

생태계 다양성_이런 곳도, 저런 곳도 있어야 해

생태계는 어떤 지역에서 상호 작용하는 생물과 환경을 모두 합한 것을 말해. 삼림, 초지, 하천, 갯벌, 해양, 사막, 농경지는 서로 다른 생태계지. 생태계가 다르다는 건 그 안에 서식하는 생물종의 서식 환경이 다르다는 뜻이기도 해. 그러니 생태계마다 서식하는 생물종 또한 다를 수밖에 없겠지. 그리고 실제로 많이 달라. 이 점이 중요해. 생태계가 다양할수록 종 다양성과 유전자 다양성도 높아지며, 서식하는 생물의 활동으로 생태계 자체도 변화하여 다양성이 높아진다는 거야. 생태계 다양성(ecosystem diversity)과 종 다양성은 서로 맞물려 돌아가는 구조인 셈이지. 그러니 이런 생태계도 있고, 저런 생태계도 있는 것이 건강한 자연이라는 거야.

다양한 생태계는 그 자체로서 공기, 물, 토양 등을 온전하게 지켜주고 지구 환경을 안정적으로 유지하는 힘을 가지고 있어. 열대 우림의 다양한 생태계는 공기 중의 이산화탄소와 산소의 균형을 맞춰 주고, 비가 많이 내릴 때에는 식물의 뿌리로 물을 흡수하여 홍수를 막아 주기도 하지. 늪, 호수, 갯벌 등의 생태계는 육지에서 흘러들어 오는 오염 물질을 분해하여 정화시키는 역할을 하고. 다양한 해양 생태계를 갖춘 곳에는 그만큼 다양한 최고의 물고기 산란장도 있기 마련이지.

사람도 다르지 않아. 서로 다른 자연환경에서 사는 사람을 예로 들어 볼게. 들녘, 논과 밭, 저수지, 산이 없거나 있어도 야트막한 동산 수준인 농촌에서 사는 사람, 울창한 나무로 둘러싸인 깊은 산속에서 사는 사람, 늘 한쪽 방향으로만 물이 흐르는 강 곁에서 사는 사람, 짜다 못해 쓴 물의 흐름이 6시간마다 방향을 바꾸고 그날그날 물이 드나드는 높이가 다르며 물이 빠지면 발이 푹푹 빠지는 갯벌 근처에서 사는 사람, 그리고 이 모든 것이 주변에

함께 있는 곳에서 사는 사람은 입는 것, 먹는 것, 사는 것의 문제를 포함한 모든 삶의 모습이 같지 않아. 그렇겠지? 맞아, 실제로 많이 달라. 그러면 누구의 삶이 풍요로울까?

두 지역을 비교해 보자. 둘 다 산인데 높이는 달라. 한 곳은 낮고, 한 곳은 무척 높아. 높은 산은 계곡이 깊어. 계곡이 깊으니 물이 잘 마르지 않아. 물을 좋아하는 식물도 많고. 산이 높다 보니 햇빛이 잘 드는 곳이 있는가 하면 잘 안 드는 곳도 있어. 음지식물과 양지식물이 골고루 서식하겠지. 낮은 산은 어떨까? 어쩔 수 없어. 아무래도 서식종이 단순하기 마련이지.

이번에는 하천을 생각해 볼게. 규모도 비슷해서 얼핏 보면 같아 보이지만 속내는 완전히 다른 두 하천이야. 한 하천은 바닥이 모래로만 되어 있고 수심도 일정해. 또 한 하천은 바닥이 모래, 진흙, 작은 돌, 중간 크기의 돌, 큰 돌 등으로 다양하고 유속과 수심도 곳마다 달라. 두 하천의 생태계에는 어떤 차이가 있을까? 하천에 사는 생물 중 물고기만 떠올려 보자. 두 곳 중 어느 곳에 다양한 물고기가 살까? 그래, 맞아. 말할 것도 없이 다양한 생태계로 구성된 하천이 생물다양성도 높아.

물고기도 종마다 다르기 때문이야. 고여 있는 물을 좋아하는 물고기가 있고, 흐르는 물을 좋아하는 물고기가 있으며, 흐르는 곳도 천천히 흐르는 곳을 좋아하는 물고기가 있는가 하면 빠르게 흐르는 곳을 좋아하는 물고기도 있으니까.

바닥이 모래인 곳을 좋아하는 물고기가 있고, 진흙인 곳을 좋아하는 물고기도 있으며, 돌도 크기를 달리 하며 좋아하는 각각의 물고기가 있어. 얕고 물풀이 많은 곳을 좋아하는 물고기가 있는가 하면 깊은 곳을 떠나지 않는 물고기도 있지. 사람도 좋아하는 것이 다르듯 자연의 생명 또한 그런 면에서 크게 다르지 않아.

조금 더 이해를 돕기 위해 조금 극단적인 두 곳을 비교해 볼게. 같은 면적의 수영장과 자연 습지, 두 곳 중 어디가 안정적이고 건강한 생태계일까? 맞아, 자연 습지야. 이제 수영장과 자연 습지가 구체적으로 무엇이 다른지 살펴볼까? 일정 공간에 물이 고여 있다는 점에서 수영장과 자연 습지는 같아. 그런데 수영장에는 물 말고는 아무것도 없어. 잘 소독된 수영장 물속에는 세균 한 마리조차 없지. 그저 물만 있어.

자연 습지는 어때? 물가와 물속에서 식물이 자라. 수생식물이라 불러. 우리나라에는 약 200종류의 수생식물이 있어. 크기가 다르고 생김새도 모두 다르지. 물속으로 들어가 볼까? 다양한 물고기가 헤엄쳐 다녀. 우리나라의 민물(하천, 저수지, 댐, 호, 강)에 서식하는 어류는 200종이 조금 넘어. 그중 다른 나라에는 없고 우리나라에만 서식하는 한국 고유종은 63종이야.

습지에는 수많은 수서곤충도 있어. 수서곤충은 물에서 사는 곤충을 뜻해. 물자라, 게아재비, 장구애비처럼 평생을 물속에서 사는 진수서곤충도 있지만 잠자리 종류, 하루살이 종류처럼 일생의 반을 물속에서 사는 반수서곤충도 있어.

눈에 보이는 것이 전부가 아니야. 물속에는 우리 눈에 보이지 않는 단세포생물도 엄청 많아. 아메바, 유글레나, 짚신벌레……곤충이 많으니 곤충을 먹고 살아가는 개구리들도 모여들지. 역시 개구리 종류를 먹고 사는 파충류도 살고. 물속과 물 주변으로 곤충, 어류, 양서류, 파충류가 넉넉히 있으니 이에 기대어 사는 새들도 모여들기 마련이지. 수영장과 자연 습지, 무엇이 다른지 알겠지? 이게 바로 생태계 다양성이야. 그런데 우리의 생태계가 자연 습지에서 수영장을 향해 가는 것 같아 걱정이야.

생물다양성이
왜 필요해?

2

다시 한번 짚어 볼까? 생물다양성은 지구가 생물학적으로 얼마나 건강한지를 가늠하는 잣대야. 다양하기를 소망하는 것은 생물종, 유전자, 생태계 이렇게 크게 세 가지야. 종 다양성, 유전자 다양성, 생태계 다양성이라 불러. 지구에 다양한 생물종이 살기를 바라는 것이고, 같은 종이라도 유전자가 다양하기를 바라는 것이며, 다양한 모습의 생태계가 망가지지 않고 잘 보존되기를 바라는 마음을 담은 거야. 물론 이 세 가지는 서로 밀접하게 연결되어 있으며 어떨 때는 한 몸으로 작동할 때도 있어.

생물다양성은 삶의 질과도 관련이 있어. 인간은 존엄한 삶을 영위하기 위해 건강한 음식을 먹을 권리, 깨끗한 물과 공기 속에 살 권리, 여러 경제·사회·문화적 혜택을 누릴 권리를 갖는데, 이 모든 것이 생물다양성과 밀접한 관련이 있어. 그리고 하나 더. 모든 생물은 생명을 지닌 그 자체로 존중받아야 한다는 점도 생물다양성이 지닌 가치이기도 해. 지금부터 그 이야기를 좀 더 자세히 해 볼게.

꿀벌이 모두 사라진다면

영국의 동물학자 제인 구달은 생물다양성을 '생명의 그물망'에 비유했어. 거미집의 줄이 한두 개씩 끊어지다 결국 망가지는 것처럼 동물, 식물, 미생물을 비롯한 생물종이 하나씩 없어지면 지구의 안전에도 구멍이 생겨 무너진다는 거야. 생물다양성이 인간을 포함하여 지구에 존재하는 모든 생명의 생존과 번영을 책임지는 '안전망'을 제공한다는 것이지. 결국 종 다양성이 풍부하고, 유전자 다양성이 유지되며, 생태계 다양성에 훼손이 없을 때 생물학적으로 건강하고 안전하다는 거야.

달리 표현하면 생물다양성은 지구의 건강성, 안정성, 균형, 조화로움을 들여다보는 창문이라 할 수 있어. 균형이 맞지 않으면 기울어. 기울다 보면 무너지는 것이고. 지구 여기저기서 종 다양성에 틈과 구멍이 생기고, 유전자 다양성의 폭이 좁아지고, 생태계 다양성이 단순해진다는 것은 지구가 위험하다는 신호이며, 머잖아 무너질 수 있다는 것을 뜻해.

그러면 지구가 건강하고, 안정적이며, 균형을 이루고 있다는 것은 무엇을 의미할까? 내적·외적 교란이 발생했을 때 기능을 잃지 않거나 잃더라도 빨리 회복한다는 뜻이야. 종 다양성이 높은 생태계가 종 다양성이 낮은 생태계보다 안정적이야. 높은 종 다양성에 기초한 체계적인 먹이사슬을 바탕으로 얽혀 있는 생태계는 어떤 종이 사라지거나 수가 줄어도 큰 흔들림 없이 생태계 전체의 물질 순환과 에너지 흐름을 안정적으로 유지할 수 있어. 유전자 다양성이 높은 생태계는 질병의 발생이나 환경의 급격한 변화를 비롯한 위해 상황이 발생하더라도 그를 감당할 수 있는 유전자를 지닌 개체나 종이 존재할 확률이 높기 때문에 전체가 무너지는 일은 피할 수 있지.

자연이 품은 생명체를 관찰하는 것이 나의 일상이야. 거르는 날이 거의 없지. 근래 실감하는 것이 있어. 꿀벌이 점점 줄고 있다는 거야. 그것이 뭐 그리 중요하냐고 할 수 있어. 꿀벌 한 종이 사라진다는 것이 무엇을 뜻하는지 한 번 살펴볼까?

꿀벌은 지구 전체를 변화시키는 힘을 지녔어. 꿀벌은 약 1억

4,500만 년 전 백악기에 등장해. 꿀벌의 등장으로 그동안 지구를 지배하던 식물의 왕좌에 '겉씨식물' 대신 '속씨식물'이 오르게 되지. 겉씨식물은 꽃이 피지 않고 밑씨에서 발달한 종자가 겉으로 드러나는 식물로 바람, 물 등에 의해 꽃가루를 날려 번식해. 이 때문에 광범위한 지역에 번식할 수 있어 쥐라기까지 은행나무, 소철 등 다양한 종이 크게 번성했지.

겉씨식물의 경쟁자인 속씨식물은 생식기관으로 꽃과 열매를 갖춘 종자식물 중 밑씨가 씨방 안에 들어 있는 식물이야. 속씨식물은 밑씨를 씨방으로 보호하기 때문에 기존의 겉씨식물보다 외부의 위험으로부터 안전했어. 하지만 바람이나 물을 통해 엄청난 꽃가루를 퍼뜨리던 겉씨식물에 비해 번식력은 뒤쳐졌었지.

그러다 꿀벌들이 식량을 얻기 위해 속씨식물의 꽃 속으로 드나들면서 꽃가루를 전파하게 됐어. 이를 통해 속씨식물은 안정적으로 씨앗을 보호하면서 동시에 높은 번식력까지 갖춰 폭발적으로 번성하기 시작했어.

속씨식물은 현재 육상식물의 약 95퍼센트를 차지해. 꿀벌로 인해 번성한 속씨식물은 파충류, 조류, 포유류를 비롯한 수많은 육상 생물의 먹이가 되고 있어. 인간에게도 곡류, 과일류, 야채류를 비롯한 속씨식물은 주요 식량원일 뿐만 아니라 약품의 원료,

의복, 건축자재 등 광범위한 분야에서 이용되고 있지. 그러니 꿀
벌은 지구 육상 생태계의 대들보 역할을 하고 있는 셈이야.

하지만 환경 오염, 기후 변화, 질병 확산 등의 이유로 꿀벌의
개체 수가 급격히 감소하고 있는 것이 사실이야. 멸종 가능성마
저 입에 오르고 있어. 실제로 많은 과학자가 2035년 즈음이면 꿀
벌이 멸종할 수 있다는 우려를 구체적으로 드러내기도 해.

분명한 것은 꿀벌과 인간이 맺고 있던 관계가 무너지고 있다
는 거야. "꿀벌이 사라지면 인류도 4년 안에 멸망한다"라는 말도

생물다양성, 지구의 건강을 검진하는 도구

있어. 4년으로 특정하기는 어렵더라도 인류가 멸망하는 것은 피할 수 없어 보여. 더 중요한 것은 4년도 안 걸릴 수 있다는 거야.

놓치지 말아야 할 것이 있어. '꿀벌만 이럴까?' 하는 점이야. 꿀벌이 잘 알려졌을 뿐일 수 있어. 다른 생물 또한 잘 알려지지 않았을 뿐 꿀벌 못지않은 의미를 지니고 있을 수 있다는 거야. 꿀벌 하나만 생각해도 이런 형편인데 현재 지구의 건강 상태는 어떨지 궁금하지? 한마디로 엉망이야. 종 다양성, 유전자 다양성, 생태계 다양성 여기저기서, 다시 말해 생물다양성의 전체 분야에서 빨간불이 켜져 있는 상태야. 모두 몸살을 앓고 있다는 거지. 열이 펄펄 나고 여기저기 아프지 않은 곳이 없는 지경이니 말이야.

우리에게 필요한 것을 제공하는 자연

생물 자체가 값진 자원인 세상이야. 생물은 생존에 필요한 것을 제공할 뿐 아니라 생존 이상의 멋진 경험도 제공하지. 생물다양성이 높을수록 유용한 자원과 누릴 수 있는 혜택, 곧 생태계 서비스가 풍부해지니 삶의 질도 높아져. 반대로 생물다양성의 손실은 인류의 문화와 복지는 말할 것도 없고, 인류의 생존 자체를 위협하는 요인으로 작동하게 될 거야. 결국 생물다양성이 삶의 질을 결정한다는 뜻인데, 조금 더 구체적으로 들여다볼게.

삶의 질을 결정하는 요소 중 으뜸은 의식주의 문제라 할 수 있어. 무엇을 입고 무엇을 먹을지, 또 어디서 살지의 문제이지. 이 세 가지 중에서도 당장 절실한 것은 먹을거리일 거야. 식사 시간에서 조금만 지나도 배가 퍽 고프니 말이야. 그러면 사람이 무엇을 먹고 살지? 가만히 생각해 봐. 사람이 먹는 것 중에서 물을 뺀 나머지는 모두 생물이야. 오늘 아침에 먹은 것을 떠올려 보자. 아, 아침은 먹지 않았을 수 있으니 점심에 먹은 것을 생각해 보자. 물 빼고는 모두 생물 맞지? 가공 또는 조리되어 날 것의 모습이 아닐지라도 모두 생물인 것은 틀림없어. 인간은 동물이며, 동물의 정의 자체가 그래. 스스로 영양분을 만들 수 없어 다른 생명체로부터 그 문제를 해결하는 것이 동물이니까.

이제 주거의 문제를 돌아볼까? 오랜 시간 인간은 흙, 풀, 나무를 이용해 집을 지었어. 대표적인 것이 초가집일 거야. 초가집은 짚이나 갈대 따위의 풀로 지붕을 이은 집을 말해. 어릴 때 시골 외가에서 초가집을 짓는 과정을 볼 기회가 있었는데 또렷하게 기억나. 할아버지께서 쓰시던 사랑채를 다시 지을 때였어. 며칠 걸리는 일이었는데 마을 분들이 모두 모여 힘을 보탰지.

담을 쌓는 벽돌은 이웃 산에서 퍼 온 붉은색 황토로 만들었어. 황토에 물을 붓고 갤 때 잘게 자른 볏짚도 함께 넣더라고. 볏짚이 들어가면 황토로만 빚은 것보다 벽돌이 훨씬 더 단단해진다고 들었는데 사실이었어. 직사각형의 나무틀에 반죽을 넣어 벽돌 모양을 만들고 굳혀서 벽돌을 완성했지.

벽돌로 담을 쌓은 다음에는 서까래를 걸치고 이어 지붕널을 깔았는데 서까래와 지붕널은 모두 나무였어. 마지막으로 지붕널 위를 볏짚으로 덮으면 초가집이 완성되는 거였지. 불과 50년 전의 일이야. 이처럼 인류는 오랜 시간 흙과 풀과 나무로 집을 지었어. 풀과 나무도 모두 생물이지. 근래 주택의 형태가 조금 바뀌었지만 지금도 나무는 집이나 건물을 짓는 데 중요한 재료로 쓰여.

의복의 문제도 마찬가지야. 화학적으로 합성한 섬유가 본격적으로 생산되기 시작한 것은 1950년대 중반이야. 합성섬유가 나오기 전까지 모든 의복은 식물에서 얻은 자연섬유이거나 동물의 모피뿐이었어. 목화에서 면을 얻고, 누에고치에서 비단을 얻고, 양에서 양털을 얻는 식이었지. 이처럼 인간은 의식주를 포함한 삶의 중요한 문제에 있어서 자연에 깃들인 생물에 전적으로 의존하고 있어.

의식주의 문제 다음으로 인간의 삶에 중요한 영향을 미치는 것이 무엇일까? 건강 문제가 아닐까 싶어. 삶의 질을 결정하는 요소 중에서 건강을 빼놓을 수는 없지. 건강하려면 건강을 해치는 것으로부터 자신을 지켜야 해. 건강을 해치는 것들 중심에 질병이 있고 질병을 다스리는 것은 약이야. 자그마한 약 한 알이 인간의 생명을 구하는 것은 정말 경이롭지. 그런데 약이 대부분 생물로부터 얻어진다는 것 알아? 몇 가지 소개해 볼게.

버드나무 알지? 우리나라 하천 주변에서 흔히 볼 수 있는 나무 중 하나야. 이 버드나무 껍질에서 진통제의 대명사 아스피린이 만들어졌어. 예로부터 버드나무는 통증을 가라앉히는 데 효험이 있는 나무였지. 동의보감에도 버드나무는 진통 효과가 있으며, 특히 버드나무 가지를 달인 물로 양치를 하면 치통이 멎는다고 기록되어 있어. 진통 효과만으로도 고마운데 아스피린은 심근경색이나 뇌졸중에도 효과가 뛰어난 것으로 알려져 있지.

주목(朱木)이라는 나무가 있어. 살아서 천년, 죽어서도 천년을 간다는 나무야. 나무에 대한 칭송으로는 최고지. 붉을 주(朱)가 들어간 주목이라는 이름은 껍질과 목재 모두 붉은 색깔이어서 붙여졌어. 신성한 일에 쓰는 물건을 만들 때 주로 쓰였어. 크게 자란 주목을 가로로 잘라 만든 바둑판은 최상품으로 꼽히기도 해.

게다가 100살 남짓한 주목의 잎과 껍질에서 추출한 택솔

(taxol) 성분에는 뛰어난 항암 효과가 있다는 것이 입증되었어. 꽤 오랜 시간 자란 주목에서 추출되기 때문에 대량 생산에 어려움이 있었으나 주목 씨앗의 씨눈에도 다량 함유되어 있다는 사실이 밝혀지면서 문제가 해결됐어. 실제로 식물에서 추출한 약은 다 열거하기도 힘들 정도로 많아. 조금 과장하면 식물이 곧 약이라고 할 만큼 말이지.

그렇다고 식물에서만 약리 성분을 추출 또는 분리할 수 있는 것은 아니야. 고등균류인 버섯에서도 귀한 약리 성분, 특히 항암 성분을 많이 얻고 있어. 동물에서 얻는 약도 적지 않고 말이야. 푸른곰팡이에서 최초의 항생제 페니실린을 분리한 이후로 미생물로부터 얻은 항생제가 현재는 3,000종류도 넘어. 넓게 말하면 생물이 곧 생명을 지키는 약이라는 거야.

요즈음 여가 자원에 대한 관심이 무척 커지고 있어. 여가 자원은 생활 속에서 여가 활동을 즐길 때 필요하거나 이용하는 자원을 말해. 실제로 생물다양성이 높은 지역이 휴양림, 수목원, 생태 관광지, 국립공원을 비롯한 좋은 휴식 장소로 활용되면서 삶의 질을 높이는 데 기여하고 있어. 심리적 안정감, 즐거움, 미적 경험을 주거든. 이것은 생존 이상의 멋진 경험을 제공하는 거라고 할 수 있어.

따라서 생물다양성이 무너지면 삶의 질은 떨어지기 마련이야. 또한 생물다양성의 감소와 손실, 그로 인한 피해는 고스란히 우리 모두에게 돌아와. 그리고 그 누구도 피할 수 없어.

모든 생물은 생명이 있기에 소중해

하나 더 생각해야 할 것이 있어. 자연의 생물이 우리에게 어떤 가치가 있느냐, 우리에게 어떠한 도움을 주느냐, 우리에게 얼마나 쓸모가 있느냐를 떠나 생명체는 그 자체로 소중한 존재라는 점이야.

산을 깎아 도로를 내는 것이 뭐 그리 문제가 되느냐고 할 수 있어. 습지를 흙으로 덮고 건물을 지으면 건물을 지을 수 없는 곳에 지은 것이니 이익이지 않느냐 할 수 있고. 바닷물이 드나들고 발이 푹푹 빠지는 갯벌에 둑을 쌓고 막아 짠 기운을 뺀 다음 농경지로 쓰거나 공업단지를 만들면 경제에 큰 보탬이 될 텐데 왜 반대하느냐고 할 수도 있어.

만약 산에 나무도 없고, 풀도 없고, 균류도 없고, 버섯도 없고, 곤충을 비롯한 무척추동물도 없고, 어류·양서류·파충류·조류·포

유류를 포함한 온갖 척추동물도 없다면 산을 깎거나 아예 밀어 버리고 도로를 내든 무엇을 하든 누가 뭐라겠어.

하지만 산에서 살아가는 수많은 생명이 분명히 있는데도 포클레인 같은 중장비로 무참히 밀어 버리는 것이 문제라는 거야. 자연 습지는 그저 물만 고여 있는 곳이 아니라 숱한 습지식물과 습지동물도 사는 곳이니 다시 한번 생각해 보자는 거고. 갯벌도 숱한 식물이 나름 적응하며 사는 곳이고, 헤아리기도 어려울 만큼 다양한 연체동물, 갑각류, 절지동물, 어류가 함께 살아가는 생물다양성의 보물 창고니 다시 한번 돌아보자는 거야. 저들도 생명을 지니고 있다는 점에서 우리 인간과 다를 바 없으니까 말이야.

1982년 10월 28일, 유엔은 「세계자연헌장(World Charter for Nature)」을 채택하며 "생명은 모두 소중하다"라는 생각을 잘 드러냈어. 「세계자연헌장」은 인간이 자연에 영향을 미치는 행위를 할 때 지켜야 할 5대 원칙을 천명하면서 헌장의 바탕이 된 기본 정신을 밝혔는데, 거기에는 이런 표현이 나와. "자연의 모든 생명체는 고유하며, 인간에 대한 가치와 관계없이 윤리적 차원에서 생명 그 자체로 존엄성이 인정되어야 한다." 우리 각자가 소중한 만큼 모든 생명이 소중한 거지.

2장

생물다양성의
어제, 오늘, 그리고
내일

지구에서
사라진 생명들

1

생물다양성을 지킨다는 것은 결국 생물의 멸종을 막는 것이라 할 수 있어. 멸종은 생물종의 소멸을 뜻해. 어제까지 옆에 있던 생물이 오늘은 없는 것이고, 오늘 있는 누군가가 내일은 없는 것이지. 영원히 말이야.

멸종은 지구의 오랜 역사 속에서 자연스럽게 일어나고 벌어졌던 일이기는 해. 지구의 환경은 쉼 없이 변했고 변화에 적응하지 못한 생물은 멸종했으니까. 하지만 놓치지 말아야 할 것이 있어. 근래 생물종의 멸종은 자연적인 속도에 비하여 너무 빠르다는 점이야.

멸종과 관련하여 또 한 가지 우리가 착각하는 것이 있어. 멸종은 예전의 일이라고 생각하는 거야. 페름기 말기에 삼엽충이 멸종하고, 백악기 말기에 공룡이 멸종하고…… 이런 식으로만 생각하지. 하지만 종의 절멸은 바로 지금 이 순간에도 일어나고 있어. 60년 조금 더 지난 길지 않은 나의 삶 속에서도 그토록 흔했던 생명이 지금은 멸종했거나 멸종 위기에 처한 경우를 많이 경험하고 있거든. 안타깝게도 우리 친구들 역시 크게 다르지 않을 수 있어. 나보다 더 많은 멸종을 마주하지 않기를 바랄 뿐이야.

지구의 역사 속에 지금까지 다섯 번의 대멸종이 있었어. 대멸종은 짧은 시간 동안 광범위한 지역에서 생물다양성이 급격히 감소하는 것을 의미해. 대멸종이 언제 어떤 이유로 일어났으며 그 결과는 어떠했는지 살펴볼게. 지난 시간을 돌아보는 것이 앞으로 언젠가는 있을 여섯 번째 대멸종을 피할 수 있는 길이 되기를 소망하며 말이야.

대멸종 돌아보기

멸종에 대한 판단은 화석에 의존해. 그런데 화석 자료가 정답인 것은 아니야. 게다가 화석화된 생물은 지구상에 생존했던 생물 중 지극히 일부이며, 화석이 모두 발견된 것도 아니고, 분류군에 따라서 화석 기록에 일관성이 떨어지는 경우마저 있어.

그럼에도 화석에 기대는 것은 다른 방법이 없기 때문이야. 지질학자들은 비슷한 동물로 구성된 화석이 일정 기간 지속되다가 갑자기 다른 동물로 변하는 지점이 있다는 것을 알게 되었어. 이러한 화석 기록을 바탕으로 고생대, 중생대, 신생대를 나누었고, 각각의 기간 안에서 상대적으로 짧은 기간에 일어난 화석의 변화를 기준으로 시기를 나누어 지구의 지질학적 연대기를 설정했지.

지구는 약 46억 년 전에 생성된 것으로 추정되고 있어. 이 중 처음 약 40억 년의 시간은 생물의 멸종을 측정할 만큼 화석 기록이 충분하지 않기 때문에 대멸종을 말하지 않아. 고생대의 첫 시기인 캄브리아기(5억 4,000만 년 전~4억 8,000만 년 전) 동안 척추동물을 비롯한 다양한 동물이 폭발적으로 증가하였는데, 이를 캄브리아기 폭발이라고 불러.

캄브리아기가 시작되고 약 500만 년 사이에 생물들은 대부분 큰 진화를 마친 것 같아. 대멸종을 가늠할 땐 고생대 이후의 동물 화석에 기초하여 얼마나 많은 생물이 멸종했는지를 통해 추정하지. 지금까지 지구는 적어도 열한 차례에 걸쳐 멸종의 시간을 건넜는데, 그 가운데 아주 큰 규모로 발생했던 다섯 번의 멸종을 '대멸종'이라고 부르는 거야.

다섯 번의 대멸종

이언(Eon)	대(Era)	기(Period)	세(Epoch)	시작 시기 (100만 년 전)	주요 대멸종
현생이언	신생대	제4기	홀로세	0.01	
			플라이스토세	2.6	
		제3기	플라이오세	5.3	
			마이오세	23.0	
			올리고세	33.9	
			에오세	56.0	
			팔레오세	66.0	대멸종
	중생대	백악기		145.0	
		쥐라기		201.3	대멸종
		트라이아스기		252	대멸종
	고생대	페름기		299	
		석탄기		359	대멸종
		데본기		419	
		실루리아기		443	대멸종
		오르도비스기		485	
		캄브리아기		541	
선캄브리아	원생대, 시생대			4,600	

① 오르도비스기 말기 대멸종

약 4억 4,400만 년 전, 오르도비스기와 실루리아기의 경계에서 일어난 첫 번째 대멸종으로, 전체 생물종 중 85퍼센트 정도가 사라졌어. 두 번째로 규모가 큰 대멸종이야. 오르도비스기가 끝날 무렵 발생한 기후 변화를 원인으로 꼽아. 기온의 급강하로 대륙과 바다가 얼음으로 뒤덮였고 대기와 해양의 이산화탄소 농도가 급격히 떨어져 식물이 광합성을 할 수 없게 되면서 생태계 전반이 무너진 것으로 추정하고 있어.

② 데본기 말기 대멸종

약 3억 5,900만 년 전, 데본기와 석탄기의 경계에 일어난 두 번째 대멸종이야. 데본기에 육지 생물의 진화가 시작되기는 했으나 대부분의 생물은 아직 바다에서 살고 있을 시기에 바다의 부영양화로 영양분과 산소가 고갈되면서 해양 생물이 대멸종에 이르렀다는 가설이 우세해.

③ 페름기 말기 대멸종

약 2억 5,200만 년 전에 일어났어. 고생대와 중생대를 나누는 사건으로 페름기-트라이아스기 대멸종이라고도 불러. 가장 큰 규모의 대멸종으로 해양 생물의 96퍼센트, 육지 생물의 70퍼센트가 멸종한 것으로 추정하고 있어. 삼엽충도 이때 멸종했어. 대규모 화산 폭발로 발생한 이산화탄소와 황화수소에 의해 기후 변화가 이어지면서 대멸종을 유발했다는 가설이 유력해. 고생대 말기 페름기(Permian)와 중생대 시작의 트라이아스기(Triassic)의 머리글자를 따서 'P/T 대멸종'이라고 부르기도 해.

④ 트라이아스기 말기 대멸종

약 2억 200만 년 전 중생대의 트라이아스기와 쥐라기의 경계에서 일어난 대멸종이야. 하나로 합쳐져 있던 대륙이 서서히 분열하는 시기였어. 분열이 진행되면서 대륙 중앙부에 마그마가 대규모로 분포하는 영역이 만들어졌고, 화산 폭발이 일어나면서 800만 년에 걸쳐 지구 온난화가 다시 시작된 한편 소행성이 충돌하면서 전체 종의 70~75퍼센트가 멸종한 것으로 추정하고 있어. 이 네 번째 대멸종 이후 공룡들이 번성해.

⑤ 백악기 말기 대멸종

약 6,600만 년 전 일어난 다섯 번째 대멸종이며 이를 기준으로 중생대와 신생대를 나눠. 가장 많이 연구된 대멸종이야. 공룡과 해양 생물의 대부분을 포함하여 전체 종의 약 75퍼센트가 멸종했어. 대멸종으로 텅 비게 된 생태적 지위와 공간은 새로운 종들이 진화하는 발판이 됐지. 신생대 제3기에는 포유류, 곤충류, 조류의 종 다양성이 급격히 늘어나.

대멸종의 원인으로는 소행성 충돌설을 꼽아. 이 가설에 따르면 폭 13㎞에 달하는 소행성이 시속 7만 2,000㎞로 현재의 멕시코 유카탄반도에 충돌해. 충돌 때 발생한 운동 에너지는 TNT 폭약 1톤의 100조 배와 맞먹었지. 충돌로 폭 180㎞, 깊이 19㎞의 구멍이 생겼고 인근 반경 1,450㎞의 땅이 모두 불탔어.

1883년에 인도네시아의 크라카타우에서 화산이 폭발한 적이

있었는데 화산재가 18㎦를 덮었고, 모두 낙하하는 데 2년 반이 걸렸어. 백악기 말기 대멸종 때 소행성의 충돌로 발생한 에너지는 크라카타우 화산 폭발의 약 1,000배 정도로 추산되지.

충돌 이후 대기는 토양 파편과 먼지로 가득 찼어. 식물이 햇빛을 보지 못해 죽자 식물을 먹이로 삼는 초식동물, 이어 초식동물을 먹고 사는 육식동물이 순차적으로 멸종했지. 게다가 먼지로 지구의 기온이 급격히 떨어지면서 빙하기가 찾아왔어. 공룡도 이때 사라진 거야. 다섯 번째 대멸종 이후 공룡의 후예는 파충류와 조류의 형태로 현재도 살아가고 있고, 포유류가 지구를 지배하며 오늘에 이르고 있어.

여섯 번째 대멸종은 언제일까?

앞서 본 것처럼 지구에는 다섯 번의 대멸종이 있었어. 그래, 맞아. 이미 지난 일이지. 지금으로부터 6,600만 년 전에 말이야. 그러니 여태까지 6,600만 년 동안 대멸종은 없었다는 뜻이기도 해. 6,600만 년이라……. 우리가 100년을 산다고 하더라도 그 100년을 66만 번이나 사는 시간이야. 그 긴 시간 동안 대멸종은 없었는데 여섯 번째 대멸종은 진짜 올까? 온다면 언제일까? 코앞에 닥친 것일까? 아니면 몇 억 년 뒤 까마득히 먼 미래일까?

학자들의 의견은 하나로 모아지고 있어. 여섯 번째 대멸종은 올 것이며 그리 멀리 있지 않다는 거야. 사실 지구의 입장에서 멸종은 늘 일어나는, 어찌 보면 자연스러운 과정이었어. 지구의 생명 역사가 시작된 38억 년 전부터 현재에 이르기까지 지구상의 생명체 대부분이 사라지는 대멸종의 시대가 늘 존재했지.

그런데 눈여겨봐야 할 것이 있어. 지금까지의 대멸종은 소행성 충돌, 화산 폭발, 쓰나미, 대지진처럼 어쩔 수 없는 자연현상이 원인이었잖아. 그런데 여섯 번째 대멸종은 인간의 끝없는 욕심, 지나친 게으름에서 비롯한 기후 변화가 원인의 중심에 있다는 거야. 또한 진행 속도가 엄청 빠른 멸종이 될 것이라는 의견이 많아. 이미 대멸종이 시작되었다고 말하는 학자도 있어. 게다가 지금 우리 눈앞에서 벌어지고 있는 멸종은 원래의 자연적 빈도에 비해 그 속도가 100배에서 1,000배 빠르다고 해.

생물종이 하나씩 멸종해 사라지는 것이 심각한 문제인 까닭은 생물과 생물 사이의 관계 때문이야. 홀로 설 수 있는 생물은 없어. 서로 이어져 있거든. 그 끈이 보이지 않을 뿐이지. 어떤 종의 멸종이 그 한 종의 멸종으로 끝나지 않는 이유가 바로 여기에 있어. 또한 한 종이 멸종할 경우 어떤 일이 벌어질지 예측하는 것도 불가능에 가까워. 우리가 생물종 하나하나를, 또한 종과 종 사이에서 저들이 맺은 은밀한 관계를 다 알지 못하기 때문이지.

생물다양성의 어제, 오늘, 그리고 내일

한 종의 멸종도 아닌 개체 수 감소가 어떤 재앙을 일으키는지 잘 보여 주는 사례 하나를 소개할게. 1955년, 중국 정부는 곡식을 쪼아 먹는 참새를 해로운 새로 정하고 참새잡기 운동을 벌였어. 보이는 대로 잡았고 참새를 만나기 어려울 만큼 운동은 성공적이었지. 곡식의 생산량은 어떻게 되었을까? 풍작을 기대했지만 결과는 최악의 흉작이었어. 참새가 사라지자 중국 전역에서 벌레들이 급증하여 곡식이란 곡식은 다 갉아 먹었던 거야.

개체 수 감소 수준을 넘어 멸종으로 가는 길에 줄을 서 있는 종이 많고, 이미 멸종해 버린 종도 많아. 그러면 인간은 어떨까? 만물의 영장이라고 자처하는 인간은 멸종 또는 대멸종으로부터 자유로울까?

가장 큰 규모의 대멸종으로 알려진 페름기 말기 대멸종에서 해양 생물의 96퍼센트, 육지 생물의 70퍼센트가 멸종한 것으로 추정하고 있어. 정말 엄청난 규모야. 하지만 중요한 것이 있어. 그나마 희망은 있다고 해야 할까? 다 죽지는 않았다는 거야. 해양 생물의 4퍼센트, 육지 생물의 30퍼센트는 살아남았으니까. 생물이 지닌 생명력도 만만치 않기 때문이지. 육지 생물인 인간은 어느 쪽일까? 70퍼센트 쪽일까, 아니면 30퍼센트 쪽일까?

분명한 사실이 하나 있어. 대멸종이 일어날 때마다 생물량, 즉 개체 수가 가장 많은 생명체는 살아남지 못했다는 거야. 공룡은 다섯 번째 대멸종으로 모두 사라졌어. 공룡은 쥐라기 당시 지구에서 가장 번성했던, 생물량이 가장 많던 종이었지. 그렇다면 지구에서 현재 생물량이 가장 많은 생명체는 무엇일까? 그래, 맞아. 안타깝게도 인간이야.

정말 이상한 게 뭔지 알아? 지금 인간은 자기 자신을 걱정하기보다 지구를 걱정하고 있다는 거야. 지구는 다섯 번이나 대멸종을 겪었어. 그럼에도 멀쩡하지. 화산이 터지고, 섭씨 1,000도가 넘는 마그마가 흘러내리고, 대지진에 이어 쓰나미가 몰려와도 지구는 사실 끄떡없었어. 아마도 여섯 번째 대멸종이 온다 하더라도 지구는 변함없이 멀쩡할 거야. 결국 피할 수 없는 사실 하나가 생겨. 우리 인간은 여섯 번째 대멸종의 원인 제공자인 동시에 주요 대상자라는 거야.

그러면 대멸종을 막을 방법은 정말 없는 것일까? 아니, 분명 있어. 우리가 원인 제공자라는 점에서 희망이 있다고 생각해. 원인을 거두면 되니까. 아직은 시간도 있어 보여. 그 해결책은, 우리가 나아가야 할 길은, 바로 생물다양성을 지키는 거야.

지구에서
사라지고 있는 생명들

2

지구상에 살고 있는 생물은 모두 몇 종이나 될까? 스웨덴의 식물학자 칼 폰 린네가 저서 《자연의 체계(Systema Naturae)》에서 생물의 학술적인 이름인 학명을 속명과 종소명, 이렇게 두 개의 이름으로 표시하는 이명법을 주창한 이래로 최근까지 알려진 생물은 약 150만 종이야.

하지만 학자들이 지구의 생물을 모두 만났다고 할 수는 없지. 만난 생물보다 아직 만나지 못한 생물이 훨씬 더 많아서 지구의 생물은 1,000만 종 남짓일 것으로 추정하고 있어. 이 추정에 따르면 지금까지 지구 생물종의 15퍼센트만이 알려졌을 뿐인 거지.

지구에는 한때 살았지만 이미 멸종해서 다시 만날 수 없는 생물이 많아. 더 안타까운 일은 머잖아 멸종할 생물 또한 많다는 거야. 이들을 멸종 위기에 처한 생물이라 불러. 유엔에 따르면 최근 100년간 1만 년에 걸쳐 멸종될 만큼 많은 종이 사라졌다고 해. 또한 국제자연보전연맹(IUCN)은 현존하는 생물종의 25퍼센트가 멸종 위기라고 말하고 있어.

2017년 11월, 환경부가 이색적인 공고를 냈어. 50마리의 소똥구리를 5,000만 원에 구매한다는 내용이었지. 불과 50년 전, 내가 어렸을 적에는 시골길을 걸을 때 나도 모르게 밟아 죽이지 않을까 조심해야 할 만큼 많았던 바로 그 소똥구리를 말이야. 실제로 소똥구리는 2012년 5월 31일부터 멸종 위기 야생 동물로 지정되어 보호받고 있어.

한 마리에 100만 원이라는 값보다 더 중요한 것이 있어. 이제 우리 땅에서는 만나기 어려워졌다는 거야. 환경부의 공고가 나온 다음 해, 몽골의 자연을 둘러보러 갔었어. 이런, 가는 곳마다 소똥구리 천지인 거야. 소를 드넓은 초원에서 방목하니 당연한 결과지. 이런 생각이 스쳐 지나갔어. '몽골 초원에서 소똥구리 100마리 채집하는 데 10분이면 충분. 그렇다면 10분에 1억! 1시간이면 6억! 5시간이면 30억!' 가도 가도 끝없이 펼쳐지는 몽골 초원에 지천으로 있는 소똥구리만 해도 모두 얼마지? 맞아, 이제 우리는 생물 자체가 자원인 세상에 들어선 거야.

멸종을 경고하는 빨간불, 적색목록

이제 구체적으로 생물다양성의 현실은 어떤지 살펴볼게. 국제자연보전연맹은 생물종의 분포를 지역에 따라 한대 1~2퍼센트, 온대 13~14퍼센트, 열대 74~84퍼센트로 추정해. 열대 지역 중에서도 열대 우림은 지구 표면의 7퍼센트 남짓이지만 지구 생물종의 절반 정도가 서식하는 소중한 지역이지.

문제는 열대 우림 지역이 주로 개발도상국에 속한 터라 그 파괴 속도가 무척 빠르다는 거야. 개발도상국은 대체로 발전을 우선하기 때문에 자연 보호를 신경 쓰지 못하는 경우가 많거든. 그들 나름으로도 열대 우림을 지키기 위해 여러 조치를 취하고 있을 테지만 부정할 수 없는 사실은 인류의 생존에 큰 위협이 될 만큼 생물다양성이 무너지고 있다는 거야.

멸종 위기의 생물종을 분류하는 가장 잘 알려진 평가 시스템은 국제자연보전연맹에서 작성하는 적색목록(Red List)이야. 적색목록은 1964년부터 작성하기 시작해 2년에 한 번씩 발표하고 있어. 목록 작성에는 전 세계 정부 기관이 협력하지. 1994년부터는 멸종 위기의 속도, 개체군의 크기, 지질학적 분포 지역 등을 기초로 다음의 아홉 가지 범주로 생물종을 분류해.

IUCN 적색목록 범주

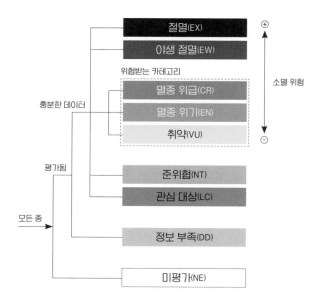

- 절멸(EX, Extinct) - 개체가 하나도 남아있지 않음
- 야생 절멸(EW, Extinct in the Wild) - 야생에서는 멸종하고 보호 시설에서만 생존
- 멸종 위급(CR, Critically Endangered) - 야생에서 멸종할 가능성이 대단히 높음
- 멸종 위기(EN, Endangered) - 야생에서 멸종할 가능성이 높음
- 취약(VU, Vulnerable) - 야생에서 멸종 위기에 처할 가능성이 높음
- 준위협(NT, Near Threatened) - 가까운 장래에 야생에서 멸종 위기에 처할 가능성이 높음
- 관심 대상(LC, Least Concern) - 위험이 낮고 위험 범주에 도달하지 않음
- 정보 부족(DD, Data Deficient) - 멸종 위험에 관한 평가 자료 부족
- 미평가(NE, Not Evaluated) - 아직 평가 작업을 거치지 않음

국제자연보전연맹은 2023년 3월 기준, 15만 388종에 대한 평가를 마쳤으며 그중 4만 2,108종이 멸종 위기 판정을 받았어. 약 28퍼센트야. 적색목록이 나오기 전에는 멸종 위기종을 해당 분야의 전문가 몇 명이 모여 개인적인 현장 조사 경험을 바탕으로 선정했어. 국제자연보전연맹도 처음에는 같은 방식을 사용하였지만 몇 번의 개정을 거쳐 미생물을 제외한 전 세계 모든 생물종의 멸종 가능성을 정량적으로 평가할 수 있는 기준을 개발하였고, 그 조건에 따라 과학적인 평가가 이루어진 종만을 목록에 포함하고 있어.

국제자연보전연맹 목록은 멸종 위기종의 선정과 등재가 까다로운 만큼 신뢰도가 높아. 또한 국가 단위에서의 평가가 아니라 해당 종의 세계적 분포를 고려하여 멸종 위협을 평가하는 것을 원칙으로 하고 있어. 우리나라의 서식종 중에서는 조류 95종, 양서·파충류 17종, 어류 76종이 적색목록에 수록되어 있어. 적색목록은 지구의 생물다양성이 얼마나 건강한지를 보여 주는 자료야. 곧 지구의 건강검진표인 셈이지. 현재 3만 종 이상이 절멸의 위협을 받고 있다는 것이 지구의 현실이야.

생물의 멸종은 곧 생물다양성의 감소를 뜻해. 부분집합 관계이니 말이야. 물론 생물다양성의 정도나 형편은 나라마다 달라.

국가 고유의 이익과 직결되는 문제이기도 하고. 하지만 생물종의 멸종은 사정이 조금 달라. 한 나라만의 문제가 아니라 세계 공동의 문제가 될 때도 많아. 대륙도 넘나들며 이동하는 것이 생물이니까.

우리나라 생물종의 오늘과 내일

이제 우리나라 이야기를 해 볼까? 공룡처럼 지질 시대의 까마득한 옛날이야기가 아니라 지금 우리의 이야기 말이야. 나 또한 멸종 또는 멸종 위기의 종을 보았고, 보고 있어. 불과 50년 전에는 흔하디흔했는데, 또 흔하지는 않더라도 분명 있었는데 이제는 아예 만날 수 없는 생물종이 많아. 황새, 따오기, 크낙새, 뜸부기……. 10대인 여러분이 지금 마주하고 있는 생물 중에도 20대나 30대가 되어서는 볼 수 없는, 만날 수 없는 생명이 얼마든지 있다는 뜻이야. 멸종의 속도는 분명 빨라지고 있으니까.

환경부는 「생물다양성 보전 및 이용에 관한 법률」에 기초하여 정기적으로 국가 생물종 목록을 발표해. 1994년 기준, 우리나라 생물종의 수는 2만 6,215종이었어. 2011년 기준 3만 9,150종,

2016년 기준 4만 7,003종, 2018년 기준 5만 2,628종, 2021년 기준 5만 6,248종, 2022년 기준 5만 8,050종의 생물이 서식하는 것으로 나타났지.

2022년을 들여다보면 동물은 포유류 125종, 조류 555종, 파충류 32종, 양서류 28종, 어류 1,339종, 미삭동물류 134종, 무척추동물류(곤충류 제외) 1만 459종, 곤충류가 2만 274종으로 모두 3만 2,946종이야. 동물은 우리나라 생물종의 57퍼센트 정도를 차지하는 셈이지.

국가 생물종 목록 통계 현황

대구분	분류군명	종 수		
		2022 국가 생물종 목록	증가 현황	2023 국가 생물종 목록
동물계 (Animalia)	포유류	125	0	125
	조류	550	2	552
	파충류	32	4	36
	양서류	28	0	28
	어류	1,339	10	1,349
	미삭동물	134	5	139
	무척추동물류 (곤충류 제외)	10,459	295	10,754
	곤충류	20,274	436	20,710

식물계 (Plantae)	관속식물류	4,609	32	4,641
	선태류	1,074	44	1,118
	윤조류	997	4	1,001
	녹조류	846	8	854
	홍조류	667	3	670
유색조식물계 (Chromista)	돌말류	2,263	60	2,323
	와편모조류	513	31	544
	대롱편모조류	405	12	417
	은편모조류	15	2	17
	착편모조류	13	0	13
	황적조류	2	0	2
균계 (Fungi)	균류	4,927	127	5,054
	지의류	1,189	48	1,237
원생동물계 (Protozoa)	원생동물류	2,508	67	2,575
	유글레나조류	375	23	398
세균계 (Bacteria)	남조류	397	17	414
	세균류	4,285	704	4,989
고세균계 (Archaea)	고세균류	24	26	50
합계		58,050	1,960	60,010

자료: 국립생물자원관 / 최종 업데이트일: 2024년 1월 30일

시간이 갈수록 서식종이 점점 늘어나는 까닭은 조사가 더 치밀해진 탓이야. 특히 무척추동물과 곤충의 증가세가 두드러지고 있어. 이처럼 앞으로도 조사 기법이 개선되고 조사 범위가 확장되면 서식종은 훨씬 더 늘어날 거야.

생물다양성의 어제, 오늘, 그리고 내일

물론 서식종을 모두 만나는 것은 불가능에 가까운 일이지. 그렇더라도 궁금하기는 하잖아. 과연 우리나라에는 얼마나 많은 생물종이 서식하고 있을까? 아쉽게도 아직 실험적 데이터나 체계적인 모델링에 기초한 결과는 없어. 오차가 클 수밖에 없지만 면적과 기후가 비슷하며 조사가 잘 되어 있는 나라와 비교하여 추정하는 방법은 있지.

그렇게 계산했을 때 우리나라에는 약 10만 종의 생물이 서식할 것으로 추정해. 추정치가 현실이라면 우리가 직접 만난 생물은 서식종의 절반 남짓이지. 특히 강, 산, 들, 바다에 살고 있는 미생물을 포함하여 토양에 서식하는 미소절지동물, 선충류, 심해어류, 균류, 미역과 같은 조류(藻類) 등이 특히 미개척 분야이기 때문에 미기록종이나 신종을 만날 확률이 높아.

탐사 장비의 개발도 무척 중요해. 미국 동부 심해저에서 채집된 800종의 생물 중 60퍼센트 정도가 신종이었으며, 호주 심해에서 채집된 표본에서는 90퍼센트가 신종이었거든. 탐사 장비의 개발에 따른 신종의 발견이라 할 수 있지. 어쩌면 우리가 만난 생물보다 아직 만나지 못한 생명이 더 많을 것이라는 추정이 설득력을 얻는 지점인 거야.

우리나라의 생물종 중 멸종 위기에 처한 동식물은 어느 정도

인지 알아볼까? 2022년 12월 말 기준, 「야생동·식물보호법」의 시행령과 시행 규칙에 따라 지정 보호되는 멸종 위기 야생 동·식물은 Ⅰ급 51종, Ⅱ급 195종으로 총 246종이야. 분류군별로는 포유류 20종, 조류 61종, 양서·파충류 7종, 어류 25종, 곤충류 22종, 무척추동물 31종, 육상식물 77종, 해조류 2종, 고등균류 1종이야.

나라마다 이런저런 모습으로 생물다양성의 유지와 확보를 위해 애쓰고 있어. 그러면 생물다양성을 확보하기 위해 가장 중요한 것은 무엇일까? 생물종 자체에 대한 연구가 으뜸이지 않을까 싶어. 특히 생물종의 분류, 발생, 생태, 유전, 진화 등에 대한 연구는 종 보호와 종 멸종 시 대응 방안 수립의 기초라 할 수 있거든.

안타깝게도 우리나라에서 생물의 분류, 발생, 생태, 진화 분야는 침체된 지 오래야. 유전 분야도 주로 분자생물학적 접근에 치우쳐 있는 형편이지. 어류, 양서류, 파충류, 조류, 포유류…… 각 분류군의 전문가를 꼽아 보니 분류군별로 다섯 손가락도 다 꼽을 수 없는 경우가 많아 걱정이야. 우리 땅의 생물을 아끼고 사랑하는 데서 그치지 않고 학술적으로 연구도 많이 하는 세상이 오면 좋겠어. 바로 여러분이 말이야.

3장

생물다양성의
걸림돌을
디딤돌로 삼아

기후 변화와
생태계 순환의 단절

1

생명력보다 강한 것이 있을까? 생명력은 엄청난 힘을 보여 주지. 들꽃은 바위마저 뚫고 나오고, 이제 간신히 눈을 뜬 마침표 크기의 새끼 물고기는 거친 물살을 헤쳐 오르지. 아스팔트를 밀고 올라오는 버섯도 보았어. 몇 달 동안 비 한 방울 떨어지지 않는 사막에서 살아가는 식물이 있고 동물도 있지. 어디서든 어떻게든 살아남는 것이 생명체야.

하지만 아무리 엄청난 생명력을 지닌 생물이라도 어쩔 수 없는, 이겨 낼 수 없는 것이 있어. 바로 기후 변화야. 기후 변화의 가장 큰 원인은 지구 온난화이며 현재는 변화의 수준을 넘어 위기의 수준이라고 평가해. 그러면 지난 60년 동안 지구의 평균 온도는 얼마나 높아졌을까? 섭씨 0.7도 정도 올랐어. 겨우 그 정도로

호들갑을 떤 것이냐 할 수 있어. 하지만 이 작은 변화가 생물에 미치는 영향은 상상을 초월한다는 것이 중요해.

　기후 변화는 엄청난 생물다양성의 감소를 초래해. 자연계를 구성하는 모든 종은 상호 의존적이며 나름의 질서를 갖는데 기후 변화가 그 질서를 깨기 때문이지. 젠가 게임과 같아. 하나씩 빼내다 보면 와르르 무너지는 거야. 앞서 여러 번 확인한 것처럼 한 종의 개체 수 변화 또는 멸종은 그 한 종의 변화로 끝나지 않아. 서로 연결되어 있기 때문이지. 그것이 자연이고.

지구가 뜨거워지면 어떤 일이 생길까?

　세계자연기금(WWF)은 기후 변화라는 요인 하나만으로 금세기에 야생종의 5분의 1 정도가 멸종 위기에 처할 것이라고 예측했어. 기후 변화는 생물종에게 직접적인 스트레스로 작용할 수 있고, 서식지 환경의 변화를 넘어 서식지 상실로 이어질 수 있으며, 생물들이 맺고 있는 관계를 방해할 뿐만 아니라 짝짓기, 산란, 포란, 육추와 같은 중요한 번식 일정에 교란을 일으켜 생물종의 생존 자체를 위협하는 결정적인 요인으로 작용한다는 거야.

나는 20년 가까이 겨울이면 두루미, 재두루미, 흑두루미를 비롯한 두루미과의 새를 집중적으로 관찰하고 있어. 약 5년 전부터 두루미 무리에서는 변화가 일어나고 있지. 가족의 숫자 변화야. 두루미는 약 2,000마리, 재두루미와 흑두루미는 약 6,000마리 정도가 우리나라에서 겨울을 보내고 봄에 다시 번식지인 시베리아, 몽골, 중국 북부 지역으로 이동해.

철원, 연천, 순천만, 천수만, 창원 주남저수지 등에서 수천 마리가 함께 겨울을 나지만 무리의 단위는 가족이야. 가족은 보통 부모 새와 어린 새 둘, 합하여 넷이었어. 그런데 5년 전부터 네 마리 가족이 오히려 눈에 띄게 줄어들었지. 어린 새가 하나여서 세 마리 가족이거나, 아예 어린 새가 없는 쌍이 많아진 거야.

그 이유가 너무 궁금해서 번식지 중 하나인 몽골 쪽에 가 보았어. 같은 장소를 3년에 걸쳐 가 보았는데 해를 거듭할수록 사막화가 심각하게 진행되고 있었어. 실제로 최근 60년 동안 세계 평균 기온이 0.7도 상승할 동안 몽골은 2.1도나 올랐어. 정확히 3배야.

악순환이라는 것이 그렇잖아. 한번 그 길로 들어서면 점점 속도가 빨라져. 최근 30년 사이에 몽골 전체 면적의 40퍼센트를 차지하던 사막은 두 배로 늘어 80퍼센트에 가까워졌어. 같은 시기에 1,166개의 호수, 887개의 강, 2,096개의 샘이 사라졌지. 그 호수와 그 강과 그 샘물에 기대어 살던 모든 식물이 사라진 거야.

온난화로 겨울에도 눈이 잘 오지 않아. 기본적으로 물이 부족한 곳인데 눈까지 오지 않는 거야. 봄에 눈이 녹으며 그나마 땅을 적셔 주면 키 작은 풀이라도 자라 주련만 이제 모래 먼지만 날리고 있어. 습지가 있어야 둥지도 짓고 습지의 생물을 먹이로 삼아 어린 새를 키울 수 있는데 습지가 말라 가고 있었지. 이것이 현재 지구의 현실이야. 변화가 일어난 정도가 아니라 분명 위기야. 그런데 이것이 정확히 우리나라의 미래가 될 수도 있다는 거야.

기후 변화로 인한 사막화는 습지에서만 일어나는 것이 아니야. 숲이나 산에서도 일종의 사막화가 일어나고 있어. 습지에서 일어나는 것보다 확산 속도가 훨씬 더 빠르기도 해. 근래 자주 발생하는 대형 산불이 원인이야. 호주에서 일어났던 대형 산불을 알고 있니? 2019년 9월 2일, 호주 남동부 지방에서 발생하여 무려 5개월이 넘은 2020년 2월 13일에야 진화된 초대형 산불이었지. 연무는 남아메리카 대륙까지 퍼졌고 우리나라의 이례적인 겨울철 고온 현상에도 영향을 미친 것으로 평가하고 있어.

대형 산불의 추이가 정말 심상치 않아. 2023년 6월 말에는 캐나다도 전례 없는 규모의 산불로 고초를 겪었어. 5월 초에 서부에서 발생한 산불이 여기저기로 번진 게 원인이었지. 캐나다는 세계에서 세 번째로 큰 산림을 가진 나라야. 기온이 높은 5~10월이

산불 시즌이고, 산불이 발생한 6월 말은 그 시기의 3분의 1이 지난 것뿐이었는데 그때까지의 피해 면적이 과거의 자료를 모두 추월했어. 2023년 1월부터 6월까지 산불로 인한 캐나다의 피해 규모는 지난 10년간의 평균치보다 13배 더 심각했다고 해.

우리나라의 형편은 어떨까? 크게 다르지 않아. 우리나라에서 일어난 대형 산불도 기후 변화와 무관하지 않지. 산림 관리에 문제가 있기도 하지만 말이야. 어느 나라에서 일어나든 산불의 결과는 같아. 지구 온난화의 가속과 더불어 생물다양성의 급격한 감소야. 불을 견딜 수 있는 생명은 없으니까.

최근 6년간 발생한 우리나라의 대형 산불

지역	발생 시기	지속 시간	피해 면적(ha)
삼척	2018. 02. 11.	2일	161
고성	2018. 03. 28.	16시간	357
고성·강릉·인제	2019. 04. 04.	3일	2,872
울주	2020. 03. 19.	2일	519
안동	2020. 04. 24.	4일	1,944
고성	2020. 05. 01.	13시간	123
안동·예천	2021. 02. 21.	3일	419
울진·삼척	2022. 03. 04.	10일	1만 6,302
홍성	2023. 04. 02.	3일	1,337
금산·대전	2023. 04. 02.	3일	889

자료: 산림청

생물다양성의 걸림돌을 디딤돌로 삼아

이처럼 생물다양성 감소의 근본 원인은 기후 변화를 비롯한 환경 변화라고 할 수 있어. 더 정확히 표현하면 환경 훼손이지. 원래 생태계에는 자정 능력이 있어. 망가지거나 더럽혀져도 어느 정도까지는 시간이 흐르면 스스로 원래의 모습으로 되돌아가는 힘을 가진 거야. 하지만 자정 능력에도 한계가 있어. 일정 선을 넘으면 되돌아갈 수 없다는 뜻이야. 자정 능력의 한계가 꽤 탄력적인데도 인간은 그 여유마저 넘어서려는 거야. 어쩌겠어? 이제 알았고, 우리가 저지른 일이니 우리가 주워 담을 수밖에.

편리함과 맞바꾼 생태계 균형

생물은 생태계에서의 역할에 따라 생산자, 소비자, 분해자로 나뉘어. 생태계를 구성하는 세 개의 톱니바퀴인 셈이지. 생산자는 광합성 능력이 있어서 영양의 문제를 스스로 해결하는 친구들이야. 소비자는 영양의 문제를 스스로 해결할 수 없어서 다른 생물에 기대어 살아가는 친구들이고, 분해자는 유기물을 무기물로 분해하여 생산자가 이용할 수 있도록 도와주는 생물을 뜻해.

살아가는 모습이 다르다 하여 생산자, 소비자, 분해자가 서로

문을 닫고 사는 것은 아니야. 먹이사슬을 통해 생산자에서 소비
자로, 소비자에서 분해자로, 다시 분해자에서 생산자로…… 그렇
게 쉼 없이 물질과 에너지가 돌고 또 돌아. 이처럼 계속해서 돌고
도는 것을 순환이라고 해.

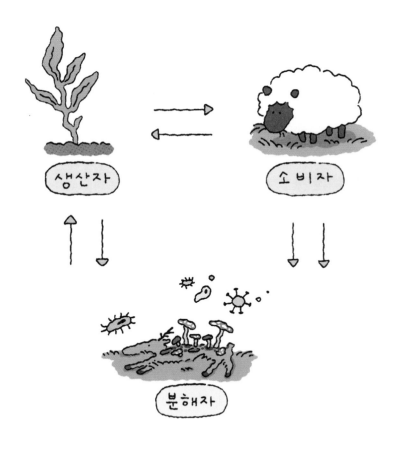

잘 돌아가던 것이 돌아가지 않을 때 고장이 났다고 하지? 생태계가 언젠가부터 고장이 나기 시작했어. 인간이 '편리함' 하나만 생각한 나머지 분해자도 분해할 수 없는 것들을 대량으로 만들어 사용함에 따라 모든 것이 계속 쌓이기만 하면서부터야.

지구 온난화에 결정적인 역할을 하는 것은 탄소야. 탄소 순환의 측면에서 생산자, 소비자, 분해자를 다시 정의해 볼게. 생산자는 대기의 이산화탄소를 탄소원으로 사용해서 생물의 몸을 이루는, 수많은 탄소가 연결된 고에너지 유기물을 합성하는 생물이야. 소비자는 생산자가 합성한 고분자 유기물을 탄소원, 에너지원으로 사용하여 자신의 몸을 이루는 고분자를 합성하는 생물을 말해. 분해자는 고분자 탄소화합물을 생산자가 다시 활용할 수 있는 이산화탄소로 분해하는 생물을 뜻해. 중요한 점은 이 과정이 균형을 이루면서 오랫동안 지구상의 이산화탄소 농도가 일정한 수준으로 유지되었다는 거야. 인간이 그 균형을 깨기 전까지는 말이야.

동물과 식물은 이산화탄소를 주고받아. 동물의 호흡은 산소를 마시고 이산화탄소를 배출하는 과정이야. 식물에게는 동물이 갖지 못한 특별한 능력이 있어. 광합성이지. 광합성은 공기에서 흡수한 이산화탄소를 재료로 빛을 이용해 양분을 만드는 과정을 말해.

　이런 주고받음으로 대기에는 이산화탄소가 일정 수준으로 유지되는 거야. 그리고 일정 수준의 이산화탄소에는 생명체들이 지구에서 살아가기에 알맞은 온도와 기후를 제공하는 힘이 있어. 이산화탄소가 없으면 지구가 꽝꽝 얼어붙어 버리고 말아. 그러니 꼭 필요한 존재지.

　하지만 부족할 때보다 넘칠 때 더 문제가 생기는 경우가 많잖아. 이산화탄소 같은 온실가스가 그래. 일정 수준을 넘어서면 엄청난 일이 벌어지지. 인간은 편리함을 추구하는 과정에서 엄청난 이산화탄소를 뿜어냈고, 지금도 뿜어내고 있어. 온실가스의 급격한 증가는 지구의 온도 상승과 더불어 기후 변화를 일으키는 결정적인 원인으로 작용해. 그래서 온실가스에서 가장 큰 비중을 차지하는 탄소를 줄이는 것이 무척 중요한 거야.

　오늘 우리의 하루를 돌아볼까? 아침에 일어나 불을 켜. 전기를 만드는 과정에서 탄소가 발생하지. 더군다나 화력 발전으로 전기를 얻었다면 탄소의 발생은 엄청나. 이를 닦고 세수를 할 때는 물을 사용했을 거야. 물이 그냥 나올 리 없잖아. 수원지에서 정화 단계를 거쳐 수도꼭지로 오기까지 모든 단계에서 탄소를 사용한 거야. 아침 식사를 할 때도 그래. 먹는 모든 것을 재배, 양식,

사육, 가공, 유통하는 전체 과정에서 엄청난 탄소가 발생하지.

버스나 전철을 타고 학교에 갈 때는 어떨까? 버스나 전철이 내 발로 돌려 움직이는 자전거는 아니잖아. 역시 탄소를 배출해야 움직이는 기계야. 교실에 들어서도 역시 불은 켜져 있지. 여름이면 선풍기가 돌아가거나 에어컨이 작동해. 겨울이면 온풍기가 열을 뿜어내지. 역시 탄소 발생 없이 일어날 수 없는 일이야. 학교에서 점심을 먹지? 탄소 발생은 아침과 다르지 않아.

다시 버스나 전철을 타고 집에 가. 저녁 식사 때도 아침, 점심과 다르지 않지. 잠을 자기 전까지 불은 켜져 있어. 한쪽에서는 컴퓨터가 돌아가고, TV가 켜져 있고, 철 따라 선풍기가 돌아가거나 보일러가 돌아가. 모두 탄소를 만들어. 나의 시골 외가댁에 전기가 들어온 것이 약 50년 전이야. 그때까지는 앞서 이야기한 탄소 발생이 없었다는 뜻이지. 그만큼 고스란히 지구는 더워지고 있어.

멈춰 버린 생태계 순환 고리

예전에는 무엇이라도 버려져 쌓이는 일이 없었어. 우리의 주식인 쌀을 맺는 벼를 예로 들어 볼까? 벼를 키우는 것은 쌀을 얻기 위함이야. 하지만 쌀이 끝은 아니었어. 오히려 시작에 가까울 정도였지. 우선 탈곡이 끝난 볏짚은 적당한 크기의 다발로 묶어 차곡차곡 쌓아 집 모양으로 보관하다 필요에 따라 조금씩 헐어서 썼어. 볏짚의 쓰임새는 엄청 다양했어. 새끼줄, 멍석, 가마니를 비롯하여 생활에 필요한 거의 모든 물건을 만드는 재료였으니까. 작두로 잘게 썰어 쌀겨와 섞어 가마솥에서 푹 끓이면 소여물이 됐지. 소의 귀한 겨울철 양식이었어.

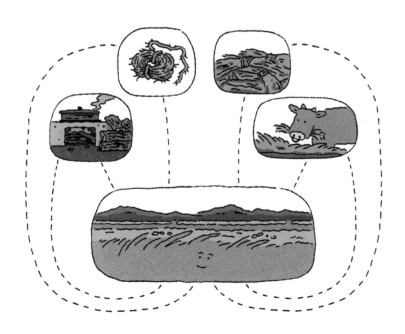

생물다양성의 걸림돌을 디딤돌로 삼아

또한 볏짚은 초가지붕을 엮는 재료였고, 토담을 쌓는 벽돌에 들어가 힘을 보태기도 했어. 볏짚이 없었으면 어찌 살았을까 싶어. 하루 세끼 밥을 짓는 것은 물론이고 추위를 견딜 수 있게 해준 고마운 땔감이기도 했으니 말이야. 다 타서 재가 되어도 쓸모가 있었지. 재는 헛간에 잠시 모여 있다가 가축들의 배설물과 만나 벼를 키워 내느라 지친 땅을 다독이는 좋은 거름으로 변했거든. 돌고 돌며 모습만 바뀔 뿐 소중함은 이어졌던 거야.

지금은 어떨까? 소의 먹이인 마른 풀로만 사용하고 있어. 현재의 역할은 농부가 벼를 키우고 수확하여 판매하는 것으로 끝인 셈이야. 볏짚은 더 이상 밥을 짓거나, 방을 따뜻하게 해 주는 땔감으로 쓰이지 않아. 초가지붕을 엮는 재료로 삼지도 않고, 황토 벽돌은 아예 만들지도 않아. 그러니 벽돌에 들어갈 일도 없게 되었지. 볏짚으로 새끼를 꼬아 새끼줄을 만들지도 않고, 새끼줄을 만들지 않으니 멍석, 가마니, 삼태기, 망태기, 구럭도 사라졌어. 볏짚 하나가 할 수 있는 일이 수도 없이 많았는데 이제는 소의 먹이 하나로만 사용되고 있어. 다양한 관계 맺음이 단순해지거나 거의 끊어진 거야. 관계의 단절이지.

단절은 순환의 반대말이야. 잘 맞물려 돌아가던 톱니바퀴가 어느 날 멈춘 꼴이지. 이 정도의 변화까지도 크게 문제가 되지 않았을지도 몰라. 하지만 걷잡을 수 없는 일이 생기고 말았어. 언젠가부터 플라스틱 바가지가 박을 타서 만든 바가지를 대신하고, 나일론 줄이 새끼줄의 자리를 빼앗고, 무엇을 담는 용기를 모두 비닐이 대신하게 된 거야. 나일론과 비닐은 플라스틱과 근본이 같은 물질이야. 우리의 삶에 영원한 편리함이 오는가 싶었지.

그런데 편리함은 꼭 뭔가를 남기더라고. 그것도 머리가 아픈 무엇을 말이야. 더 이상 쓸모 있게 이용되지 못하고 쌓이는 것이 생기기 시작한 거야. 플라스틱, 나일론, 비닐…… 분해가 된다고는 하지만 사람의 한평생이 지나도 그 시간은 오지 않아. 땅에 묻으면 땅이 망가지고, 물에 떠다니면 물이 망가지고, 태우면 공기가 망가지지. 오랜 시간이 지나 아주 작아져 미세한 구조가 되면 더 대책이 없는 상황이 벌어지기도 해. 그럼에도 우리는 끝없이 쓰고, 또 쓰고 있어.

큰 비가 온 뒤 강에 가면 플라스틱 용기가 산더미처럼 쌓여 있는 모습을 쉽게 만날 수 있어. 너무 엄청나서 입이 다물어지지 않을 때가 많아. 강에 있는 것은 흘러 바다로 들어가기 마련이지. 바다로 흘러들거나 바다에 버려진 플라스틱이 바닷물에 분해될 때 직경 5㎜ 이하의 매우 작은 플라스틱 가루가 만들어지는데 이를 미세플라스틱이라 불러.

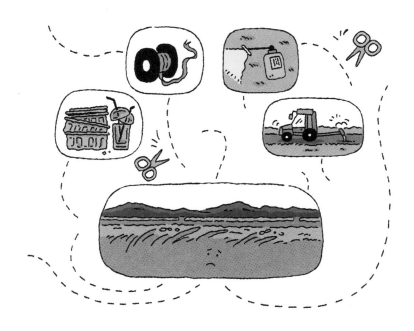

미세플라스틱은 결국 어류, 패류, 미역과 다시마와 같은 조류에 유입되고 결국 그들을 먹는 우리 몸에도 들어와. 바다보다 속도는 느리지만 땅에 묻힌 플라스틱에서도 미세플라스틱이 발생하는 것은 다르지 않아. 플라스틱 원료로 만들어진 비닐봉지, 배달 음식 용기, 물티슈 등에서도 미세플라스틱은 발생한다는 뜻이지. 그 흙에서 자란 식물, 과일, 채소 등을 먹으면 역시 우리 몸에 들어오는 거야. 지하수로 스며들어 생수에서도 미세플라스틱이 검출되는 것이 현실이지. 미세플라스틱은 바다, 물, 토양에만 머

물지 않아. 말 그대로 미세한 입자이기 때문에 공기 중에도 떠다녀. 호흡기를 통해서도 우리 몸에 들어올 수 있다는 뜻이야.

성인 기준 일주일에 5g의 미세플라스틱을 섭취하는 것으로 알려져 있어. 신용카드 한 장의 무게지. 이 중 90퍼센트는 다행히 몸 밖으로 배출돼. 하지만 문제는 몸에 남은 10퍼센트야. 일주일에 0.5g, 1년이면 약 26g, 10년이면 260g, 40년이면 1kg이 넘어. 최근의 연구에 따르면 배 속에 있는 아기에게서도 미세플라스틱이 발견된다고 해. 정말 슬픈 일이야.

미세플라스틱을 쓰레기 수거하듯 수거할 수는 없어. 스스로 완전히 분해되어 사라지기를 기다리는 길이 있지만 수백 년이 필요해. 그렇다면 사용을 줄이는 것이 최선이지.

자기만의 용기, 텀블러를 사용하는 것도 좋은 방법이야. 사용하고 버릴 때는 재생이 가능하도록 잘 버리는 것이 중요해. 분리배출 수칙을 따르는 거야. 생수병 같은 경우 상표를 떼고 발로 밟아 부피를 줄인 뒤 뚜껑을 닫아 투명 플라스틱 분리배출함에 넣으면 돼. 조금 귀찮을 수 있어. 하지만 그마저 귀찮게 여기는 사이에 지구는 비닐과 플라스틱으로 몸살을 앓고 우리 몸에는 지금도 플라스틱이 쌓이고 있는 거야.

플라스틱과 비닐이 세상을 온통 뒤덮기 시작하면서 생명체들의 터전에서는 순환이라는 관계가 거침없이 끊어져 나가기 시작했어. 봄에서 초가을까지는 식물의 생장이 가히 폭발적이어서 논둑의 풀은 하루가 다르게 쑥쑥 커. 한번 벤 곳이라도 열흘 남짓 지나면 다시 베어야 할 만큼 커. 그런데 쑥쑥 커주는 식물이 달갑지 않은 세상이 되어 버린 거야. 풀의 쓰임새가 사라진 탓이지.

논둑의 풀을 베는 것에는 두 가지 의미가 있었어. 소를 먹일 양식을 얻는 것과 사람 다닐 길을 열어 주는 것. 그런데 집마다 한 마리씩 키우던 소가 하던 일을 경운기가 대신하는 세상이 되면서 풀을 벨 일이 없어졌어. 풀을 베지 않으니 풀이 길을 막아 다니기 힘들게 되었고. 힘들 뿐만 아니라 위험해지기도 했어. 수북한 풀 아래 잘 보이지 않는 곳에 독사가 웅크리고 있을 수도 있으니까.

이제 어쩌지? 풀을 베자니 힘들고, 힘들게 베어도 쓸 곳이 없잖아. 소를 키워 낸 소중한 풀이 이제는 처치 곤란한 쓰레기가 되어 버렸어. 남은 방법은 하나, 풀이 나지 않게 하는 거였지. 강력한 제초제로 풀을 죽이기 시작한 거야. 이는 또 다른 문제를 일으켜. 제초제가 우리 뜻대로 원치 않는 풀만 죽이는 것이 아니니까. 흙에 스며들고 물에 흘러들지. 흙 속 생명과 물속 생명의 몸속에 쌓이다 마침내 그 생명 자체도 죽이고 말아. 그렇게 이웃 생물도, 또 그렇게 이웃 생물도…… 결국 우리 몸으로도.

순환의 단절로 발생한 새로운 모습 중 유익하거나 건강한 것은 하나도 없어 보여. 순환의 단절은 생태계 질서의 파괴로 이어지기 때문이지. 그래서 언제나 그 끝은 깨지거나, 다치거나, 아프거나, 죽는 거야.

하나뿐인 지구를 위한 인류의 대처

생물다양성을 비롯한 지구의 형편이 이 지경에 이르도록 세계가, 또 우리나라가 그동안 아무런 관심조차 없이 손 놓고 있었던 것은 아니야. 누군가는 끝없이 외쳤고, 그러한 외침이 쌓여 1946년에 국제 협약 차원에서 환경 문제를 최초로 논의하기 시작했어. 워싱턴에서 국제포경규제협약이 맺어지면서 "환경은 지금만이 아니라 다음 세대를 위해서도 보전해야 한다"는 세대 간 형평의 원칙이 처음으로 국제 조약에 명문화되기에 이르렀지.

그러나 이때까지는 인류에게 유용한 천연자원을 다음 세대도 누릴 수 있도록 아끼자는 자연 보전을 중심으로 하는 환경론에 머물렀고, 이용 가능성 여부를 떠나 자연 자체를 보호해야 한다는 생각은 1970년대에 들어 본격적으로 퍼지기 시작했어.

1972년, 스톡홀름에서 열린 유엔인간환경회의는 "오직 하나뿐인 지구"라는 슬로건을 내놓았고, 이에 따라 제27차 유엔총회에서 환경 문제에 대한 국제협력추진기구로서 유엔환경계획(UNEP)이 설립돼. 1979년에는 제1차 세계기후회의(WCC)가 열렸고 유엔환경계획, 세계기상기구(WMO), 세계학술연합회의(ICSU)가 공동으로 세계기후계획(WCP)을 창설하기로 합의했어.

같은 해인 1979년, 대기 오염에 따른 산성비 문제가 심각해짐에 따라 유엔에서 '대기 오염 물질 장거리 이동에 관한 협약(CLRTAP)'이 맺어졌고, 이어서 1985년엔 헬싱키, 1994년엔 오슬로에서 이 조약의 의정서가 체결되어 대기 중 황산화물(SOX)의 배출량을 조절하게 되었지.

1980년대에는 지구 온난화를 중심으로 한 기후 변화 문제가 가장 중요한 화두로 떠올랐어. 1985년, 유엔환경계획 주최로 최초의 오존층 관련 국제회의인 필라흐 회의가 열렸고, 이는 곧바로 오존층 보호를 위한 빈 협약으로 이어졌어.

1987년, 세계환경개발위원회(WCED)가 「우리 공동의 미래(Our Common Future)」라는 제목의 보고서를 발간했는데, 여기에서 '지속 가능한 개발(sustainable development)'이라는 표현이 처음 등장해. 이는 기존의 '성장의 한계'와 '하나뿐인 지구'라는 개념을 계승

하는 한편 환경과 개발 문제를 포괄하는 개념을 제시한 것으로 지속 가능한 개발을 장기적이고 범지구적인 의제로 공식화하는 데 결정적인 역할을 했어.

1988년에는 CLRTAP에 따라 질소산화물(NOX) 배출에 대한 의정서가 체결돼 오존층 파괴를 줄이려는 노력이 시작되었어. 1989년에는 유엔 결의안에 해수면 상승, 사막화에 대한 경고와 대응책 마련 촉구가 포함되었으며, 빈 협약의 의정서로서 몬트리올 의정서가 발효되었지. 이를 통해 한때 '꿈의 물질'로 불렸던 냉매제였으나, 오존층 파괴의 주요 원인으로 확인된 염화불화탄소(CFC)의 단계적 감축에 합의하기에 이르러.

1988년, 유엔환경계획과 세계기상기구는 기후 변화의 메커니즘을 연구하고 대응책을 마련하기 위해 '기후 변화에 관한 정부간 협의체(IPCC)'를 설립하고 1990년에 제1차 보고서를 발표해. 주요 내용은 2025년까지 지구의 평균 온도가 1도 상승하고, 고위도, 내륙 지역의 온도가 더욱 크게 상승하며, 2030년까지 해수면의 평균 상승이 20㎝에 이르러 일부 섬나라와 저지대 국가들이 위기에 처한다는 예측이었어.

이러한 상황에 이르자 더 늦기 전에 전 세계적이고 실효성 있는 대응 체제를 마련해야 한다는 목소리가 높아졌고, 같은 해에 유엔총회는 「현재와 미래 세대를 위한 지구 환경 보호(Protection of global climate for present and future generations of mankind)」 결의안을 채택했어. 1992년까지 전 세계적 규모의 기후변화협약을 맺기로 계획하고 이를 추진할 '기후변화협약을 위한 정부 간 협상위원회(INC)'를 구성하는 내용이었지.

INC는 1991년 2월부터 1992년 5월까지 다섯 번의 회의를 거쳐 기후변화협약 초안을 마련해. 이 초안을 기초로 1992년 6월 3일부터 14일까지 브라질의 리우에서 183개국이 참여하는 사상 최대 규모의 국제회의가 열리게 됐지. 회의의 정식 명칭은 '환경 및 개발에 관한 유엔 회의(UNCED)'야. 간단히 리우 회의라고도 불러.

이 회의를 통해 맺어진 협약이 바로 생물다양성협약(CBD)이야. 생물다양성협약이 발표된 5월 22일은 '생물다양성의 날'로 지정해 기념하고 있지. 생물다양성협약의 내용을 정리하면 다음의 세 가지야. 생물다양성의 보존을 통해 지구를 보전하고, 지속 가능한 방식으로 생물다양성 요소를 사용하며, 생물 자원으로부터 유래하는 이익은 공정하게 공유한다. 그리고 시간은 흘러 현재에 이르고 있어.

무분별한 개발과 서식지 감소

2

우리나라 지도를 펴거나 스마트폰에서 지도 앱을 열어 한번 살펴볼까? 산, 논과 밭을 포함한 들녘, 강, 저수지, 바다가 보일 거야. 이 중에서 생물이 살지 않는 곳이 있을까? 아, 생물이라 하니 막연하다고? 그러면 동물은 움직이니 식물로 범위를 좁혀 보자. 산, 들, 강, 저수지 중에서 식물이 살지 않는 곳이 있어? 없지? 어디라도 식물은 살아. 식물처럼 한 자리를 지키고 살아가는 것은 아니지만 동물도 살 것이고. 이처럼 생물이 살아가는 터전을 서식지라고 해. 산과 들과 강과 저수지와 바다, 이 모두가 생물의 서식지고 섬세하게 나누면 어마어마하게 다양해.

그런데 다시 한번 찬찬히 둘러보겠니? 식물이 살지 못하는 곳이 있어. 식물이 살지 않는 곳은 동물 또한 살지 못하겠지. 사람이 살기 위해 만든 것에서는 식물이 살지 못해. 집, 공장, 도로……
녹색이 제거된 곳들이 생물이 살 수 없는 곳이야.

인간의 편의를 위해 여기저기서 생물들의 서식지가 파괴되고
있어. 서식지의 파괴는 조금의 머뭇거림도 없이 생물다양성의 감
소로 이어지기 마련이지. 서식지 파괴의 원인은 크게 두 가지야.
기후 변화와 개발이지. 기후 변화에 대한 이야기는 앞서 했으니
여기서는 개발로 인한 서식지 파괴 이야기를 하려고 해.

생명이 살 곳을 빼앗는 난개발

우리나라 개발의 역사는 '경제 개발 5개년 계획'과 맥을 같이
해. 1962년부터 1986년까지 5년 단위로 5차에 걸쳐 추진되었던
개발 계획이야. 내가 태어난 다음 해부터 시작된 계획이어서 그
시간을 함께 지나며 목격한 것이 많아. 개발이라는 것이 얼마나
많은 것을 사라지게 만드는지 보았지.

초등학교에서 중학교까지 방학은 내내 시골 외가에서 보냈
어. 외가는 농촌이었는데, 그 시절에 논은 나의 놀이터였지. 논바
닥의 물 표면은 온통 개구리밥 천지였어(이름은 개구리밥이지만 개구

리가 밥으로 삼지는 않아). 그 작은 잎 사이로 무지하게 작은 꽃도 피었어. 개구리밥 사이로 참개구리가 점잖게 앉아 눈만 끔뻑끔뻑할 때가 많았어. 몸 색깔이 녹색인 데다 머리에 녹색 개구리밥까지 뒤집어쓰고 있으면 잘 보이지 않았지.

물고기도 꽤 지나다녔어. 논이라 물이 얕아 큰 물고기는 몸을 똑바로 세울 수가 없어서 옆으로 누워 파닥거리며 다녔지. 학교 앞에서 팔곤 했던 버들붕어도 많았어. 물방개를 비롯한 수서곤충도 바글바글했고. 아무리 할아버지의 손이 부지런해도 날마다 고개를 내미는 논의 잡초를 다 뽑지는 못했어. 잡초라고 말했지만 논에는 벼가 아닌 다른 식물도 무척 많았던 거야.

논은 다양한 생물이 어우러져 함께 살아가는 완벽한 습지였던 거지. 그도 그럴 것이 논의 물은 저수지에서 왔거든. 비가 많이 오면 논의 물은 저수지로 흘러들고. 저수지가 논이고, 논이 저수지인 거야. 이웃에 있는 저수지 말고 멀리 있는 다른 저수지에서도 물이 왔었어. 물이 오는 물길이 있었는데, 도랑 수준의 작은 규모였지만 분명 자연 하천이었지. 도랑 또한 완전한 습지로서 저수지와 논의 생명을 연결하는 다리 역할을 했어. 그러니 논은 저수지와 도랑과 한 몸이었던 셈이지.

이런 논 습지가 망가지는 데 그리 오랜 시간은 걸리지 않았어.

우선 모든 물길이 콘크리트로 바뀌기 시작했지. 도랑은 빠른 속도로 물만 보낼 뿐 더 이상 자연 하천이 아니게 됐어. 저수지, 도랑, 논의 생명이 서로 문을 닫기 시작했지.

거기서만 멈추었어도 좋았으련만 멈추지 않았어. 벼를 제외한 모든 생명을 죽이기 위해 살충제와 제초제를 쏟아붓기 시작한 거야. 논에서는 오로지 벼만 커야 했어. 그래야 벼를 한 톨이라도 더 얻을 수 있으니까. 결국 수많은 논의 생명들은 전에는 없었던 화학 물질의 독성을 견디지 못하고 논을 떠나고 말았어.

언뜻 떠오르는 것만 해도 등애풀, 올챙이자리, 물고사리, 매화마름, 붕어마름, 물뚝새풀, 세모고랭이, 생이가래, 곡정초, 넓은

잎개수염, 통발, 논우렁이, 다슬기, 거머리, 벼메뚜기, 섬서구메뚜기, 긴꼬리투구새우, 물자라, 물장군, 장구애비, 게아재비, 미꾸라지, 미꾸리, 드렁허리, 참개구리, 청개구리, 유혈목이, 능구렁이, 황새, 뜸부기, 제비 등이 있어.

이 중에는 이미 멸종했거나 멸종 위기에 처해 있는 종들도 많아. 물고사리, 매화마름, 긴꼬리투구새우, 물장군은 이제 멸종 위기종이야. 논마다 뜸북뜸북 소리가 넘쳐흘렀건만 뜸부기는 현재 민간인 통제 지역이나 비무장지대에서나 서식하는 멸종 위기종이 되었고, 우리나라의 텃새로 살았던 황새는 이미 멸종했어. 생물다양성이 풍부했던 논이 생물다양성 제로에 가까운 공간이 되어 버린 거야.

그러면 논에서 떠밀려 난 생물들을 어디로 갔을까? 맞아, 저수지야. 그런데 말이지, 어린 눈으로 보기에도 어처구니없는 일이 벌어졌어. 내가 중학교 3학년이었던 1975년으로 기억해. 저수지를 메워 사람이 쓸 공간으로 바꾸는 사업이 시작된 거야. "잘 살아 보세!"라는 구호를 외치며 1970년부터 전개되었던 새마을운동의 일환이었지. 산은 깎거나 밀어 버리기 힘드니 저수지를 메운 거야. 그 드넓은 저수지에 깃들인 수많은 생물을 흙으로 덮어 버리기까지, 그래서 저수지의 생물들이 모두 사라지기까지 그리 오랜 시간이 걸리지 않은 걸 나는 분명히 보았어.

저수지를 메우는 것으로 끝인 줄 알았어. 정말 그렇게 믿고 싶었는데 정확히 3년 뒤 더 어마어마한 일이 결국 일어나고 말아. 인간의 개발 욕심이 바다를 막는 데까지 손을 뻗은 것이지. 물론 간척 사업의 역사는 고려 시대로 거슬러 올라가. 하지만 어린 시절 나의 놀이터였던 바로 그 갯벌에서 벌어진 일을 되돌아보면 인간의 놀라운 개발 능력보다는 사라져 간 여러 생명에 대한 안타까운 마음이 들어. 6시간마다 물의 흐름이 바뀌고 열다섯 번의 물때를 따라 물이 들어오고 나가는 정도가 변하는 갯골에 어느 날 갑자기 바닷물이 오가지 않고 멈춰 서는 일이 벌어진 거야.

1979년 10월, 3.3㎞에 이르는 삽교천 방조제의 완공 때문이었지. 짠물에서는 인간에게 유용한 농작물이 크기 어려우니 담수로 환경을 바꿔 뭔가를 심겠다는 생각이었어. 하지만 나는 갯골의 생물이 어떻게 죽어 가는지를 지켜보는 것 말고는 본 것이 없는 듯해. 게다가 갯벌을 막는 일은 삽교천으로 끝이 아니었지. 끝이기를 바랐건만 시작에 불과했던 거야. 내가 어린 시절을 보낸 마을뿐만 아니라 우리나라 도처에서 그런 일이 벌어졌고, 지금도 벌어지고 있어.

종 다양성이 높았던 논이 오로지 벼만 자라는 논이 되고, 그도 모자라 저수지를 덮고, 그것으로도 성이 차지 않았던 인간은 세상의 바다까지 메워 자신의 땅으로 삼으려 하고 있어. 바닷물이 드나들던 갯벌을 방조제로 막아 완전히 이상한 세상으로 만들고 있는 거야.

우리나라 최대의 간척 사업이 벌어진 곳은 새만금이야. 우리나라뿐만 아니라 세계 최대이기도 해. 새만금 방조제는 전라북도 군산시, 김제시, 부안군을 이어 주는 세계에서 가장 긴 방조제로 방조제 길이가 무려 33.9㎞야. 삽교천 방조제의 10배가 조금 넘어. 50분 걷고 10분 쉰다 치면 다 걷는데 10시간 정도 걸리는 거리지. 새만금 방조제가 들어서기 직전 이런 글귀가 크게 적혔어. "희망의 땅, 새만금." 새만금 방조제 사업이 진행된 지 30년이 지나고 있지만 새만금 어디에도 희망은 없어 보여. 그 희망이 생명체의 희망에 대한 것이라면 말이야.

서해안 갯벌 간척지는 현재 깃들였던 거의 대부분의 생물을 잃고 버려진 땅과 다르지 않은 처지가 되었어. 흐르거나 드나들던 물을 움직이지 못하게 하니 썩어 들어가는 거야. 이제는 달리 방법이 없어서 처음으로 돌아가 바닷물을 다시 드나들게 하고 있어. 정말 우습지? 소중한 습지, 게다가 생물다양성의 보물 창고라고 세계가 부러워하는 갯벌만 잃은 것은 아닌가 싶어.

생물다양성의 걸림돌을 디딤돌로 삼아

산림의 훼손, 갯벌을 비롯한 습지의 매립, 도로의 건설 등 과도한 개발에 의해 발생하는 서식지 파괴는 생물다양성 감소의 직접적인 원인이야. 서식지 면적이 감소하면 그 안에 살아가는 생물종의 수가 감소하는 것을 피할 수 없어. 종내와 종간 경쟁 모두 치열해지기 때문이지. 공간이 줄고 개체 수가 감소하면 근친교배의 확률도 그만큼 커져. 근친교배의 확대는 생물종이 멸종으로 가는 열차에 몸을 실었다는 뜻이야.

또한 자연에서 서식하던 생물이 자신의 서식지가 사라지며

인간의 세상으로 떠밀려 나와 전에 없던 소란이 벌어지기도 해. 산을 깎아 아파트와 공장을 짓고 도로를 내니 서식지를 잃은 멧돼지가 도심에 나타나 난리가 나고, 숲에 있어야 할 벌레들이 도심에 대거 출현하여 소동이 벌어지고 있잖아. 할 수 있다면 저들을 저들의 땅에 살도록 두는 것이 옳은 이유야.

단절되는 서식지, 그 아픔과 대책

★ 로드 킬 사고

도로를 지나는 차가 동물과 충돌하여 동물이 목숨을 잃는 사고를 로드 킬(road kill) 또는 동물 교통사고라 불러. 구체적인 근거가 있는 것은 아니지만 한국 로드 킬 예방 협회는 우리나라에서 매년 약 30만 마리의 동물이 교통사고로 죽는다고 말하고 있어. 그렇다면 실제로 우리나라에서 한 해에 일어나는 동물 교통사고는 얼마나 될까?

안타깝게도 정확히 알 길은 없어. 하나하나 모두 조사한 전수조사 자료가 없거든. 그나마 국립생태원에서 고속도로와 일반도로의 일부 구간을 대상으로 지속적으로 조사를 하고 있어서 다행

이야. 2014년부터 2021년까지 해당 구간의 로드 킬 누적 개체 수
는 12만 1,523개체에 이르러.

　도로 전체로 범위를 넓히면 그 숫자는 정말 어마어마할 거야.
사고를 당하는 동물은 너구리, 오소리, 족제비, 삵, 수달, 다람쥐,
하늘다람쥐, 청설모, 고라니, 멧돼지를 비롯한 포유류와 양서류,
파충류, 조류에 이르기까지 무척 다양해. 생명이 있는 것에 더 소
중하고 덜 소중한 것이 있을 수는 없지만 이 중 삵, 수달, 하늘다
람쥐는 개체 수가 많지 않은 멸종 위기종이기도 해.

　그렇다면 동물 교통사고로부터 동물을 지킬 방법은 영 없는
것일까? 동물 교통사고의 원인이 무엇인지 살펴보는 것이 중요
해. 야생 동물이면 숲이나 산에서나 살지 도로에는 왜 뛰어들어
자신도 그렇고 사람에게까지 해를 끼치느냐고 생각할 수 있어.
하지만 사정은 이래. 차가 다니는 길이 되기 전 그 길은 동물이 다
니던 길이었다는 거야.

　야생의 동물이라 해서 아무 길로 다니지는 않아. 험하거나 거
친 길로 다니는 것도 아니야. 편안하고 익숙한 길로 다녀. 또한 일
정 지역, 곧 생활권을 벗어나지 않아. 우리와 크게 다르지 않아.
차이가 있다면 낮보다는 깜깜한 밤에 주로 다닌다는 점 정도야.

　그러다 늘 다니던 길을 떠나 옮길 때가 있어. 번식기에 이르

면 짝을 찾거나 번식 환경이 좋은 곳으로 이동해. 산을 내려와 들
판을 지나 연못으로 가야 한다고 칠게. 그런데 산이나 들판에 자
동차가 다니는 길이 생기고 만 거야. 번식 본능을 꺾을 것은 없지.
저들은 길을 건너. 중요한 사실은 동물의 죽음이 아픔의 끝이 아
니라는 거야. 도로는 결국 생태계의 단절을 초래하고, 생태계의 단
절은 서식지의 격리를 조장하고, 서식지의 격리는 유전적 격리로,
유전적 격리는 근친교배로 이어져 끝내 종 소멸의 길로 몰아가지.

　　그렇다고 우리가 도로 없이 살 수는 없다면 선택은 하나, 저들

생물다양성의 걸림돌을 디딤돌로 삼아

에게도 살길을 열어 주는 것뿐이지 않을까? 그중 하나가 동물 이동 통로, 생태 통로야. 오랜 시간을 두고 모니터링을 하여 생태 축의 단절이 심각하고, 실제로 야생 동물의 이동이 빈번하여 사고가 많이 일어나는 지역에 적절한 이동 통로를 마련해 주는 것은 생물다양성은 물론이고 자연에 깃들인 동물에게 인간이 갖춰야 할 최소한의 예의라고 생각해.

정확히 조사한 것은 아니지만 고속도로의 경우 동물 교통사고가 전보다 많이 줄었어. 사람도 배려하고 동물도 배려한 설계 때문에 그럴 거야. 좋은 일이지. 근래 만들어진 고속도로는 운전자의 안전을 고려하여 도로의 선형을 단순하게 하고 있어. 구불구불하거나 오르락내리락하는 구간이 거의 없다는 뜻이야. 평지를 지나듯 계획하고 실제 그렇게 시공해. 도로의 고도 자체를 높이고 산이 나오면 터널을 내거나, 산과 산 사이 혹은 물줄기 위를 교량으로 잇지.

터널과 교량은 동물이 접근하기 어려운 구조물이야. 진입부나 진출부 양쪽에서 접근할 수는 있지만 이 두 지역에는 유도 울타리가 마련되어 있어. 동물의 접근 가능성이 있는 다른 지역도 유도 울타리가 잘 설치되어 있는 편이고. 유도 울타리는 동물을 안전한 곳이나 생태 통로로 안내해 주는 울타리야.

그런데 아쉬운 점이 있어. 생태 통로가 여전히 많이 부족하다는 거야. "우리나라의 고속도로에도 생태 통로가 있어요" 정도의 설치 수준을 넘지 못하고 있어. 2022년 12월 기준, 우리나라의 생태 통로는 육교형 129개소, 터널형 233개소로 모두 362개소야. 많아 보여? 아니, 그렇지 않아. 우리나라 도로의 전체 길이는 11만 4,314㎞야. 316㎞에 하나 꼴로 생태 통로가 있다는 뜻이니 거의 무방비 상태라고 봐야 하지 않을까?

생태 통로가 상징적인 구조물로만 머물러서는 안 돼. 물론 생태 통로 설치에 많은 비용이 드는 것은 사실이야. 하지만 우리나라가 그 정도의 비용을 아껴야 할 만큼 어렵지는 않다고 생각해. 못 하는 것이 아니라 안 하는 거야. 그러니 하면 되는 것이지.

★ 유리창 충돌 사고

날아다니는 새가 건물의 유리창에 충돌하여 목숨을 잃고 있어. 숫자가 얼마 안 될 것 같지? 믿기 어려울 만큼 많아. 숲에서 새들이 날아다니는 모습을 지켜본 지 꽤 오래됐지만 아직 나무에 부딪혀 목숨을 잃는 새를 만나지는 못했어. 새의 비행술은 상상을 초월하기 때문이야. 나뭇가지와 넝쿨이 얽히고설킨 숲에서 어디에도 깃털 한 번 스치지 않고 요리조리 잘도 날아다니지. 게다가 엄청 빠른 속도로 말이야. 마치 곡예비행을 보는 느낌이지.

새는 눈이 무척 좋아. 비행 중 어딘가에 부딪히지 않는 이유이기도 해. 하지만 새가 아무리 시력이 좋아도 보이지 않는 것까지 볼 수는 없지. 새는 그 좋은 눈으로도 볼 수 없는 단단한 나무, 유리창을 인간이 만들어낼 것까지는 예측하지 못한 거야. 또한 새는 비행을 위해 몸을 가볍게 하고자 뼈 속까지 비운 터라 충격에 무척 취약한 생명체야.

그 결과 수많은 새가 유리창에 부딪혀 목숨을 잃는 일이 벌어지고 있어. 믿기 어려울 숫자라 했지? 미국은 10억 마리, 캐나다는 2,500만 마리, 우리나라에서는 800만 마리 정도가 매년 희생되는 것으로 추정하고 있어. 매일 2만 마리 넘는 새가 죽는 셈이야. 죽은 참새 하나가 차지하는 땅의 넓이는 10㎝×3㎝ 정도야. 0.003㎡지. 800만 마리가 모이면 2만 4,000㎡야. 축구장 하나의 크기가 7,100㎡ 정도니 축구장 약 3.4개를 채우는 숫자야.

날마다 어마어마한 숫자의 새가 유리창에 부딪혀 죽고 있지만 세상은 이들에게 눈길을 주지 않아. 야생 조류의 유리창 충돌이 인간에게 직접적인 손해를 끼치지 않기 때문이지. 새가 유리창에 부딪힐 때마다 유리창이 깨지기라도 한다면 지금처럼 무관심하지는 않을 거야. 이러한 이유로 연구가 미비하며 제도적 장치 또한 제대로 마련되지 않고 있어.

현대 건축 형태의 변화와 더불어 강화유리가 발명되면서 유리창을 사용하는 건축물이 늘어나고 있어. 강화유리가 아니더라도 유리창 없는 건물은 없으니 모든 건물에서 충돌은 발생할 수 있지. 국토교통부에 따르면 2022년 12월 기준, 전국의 건축물은 735만 채가 넘어. 초가집 하나도 한 채고, 123층으로 우리나라에서 가장 높은 555m의 서울 롯데월드타워 또한 한 채야.

건물 한 채에 1년에 한 마리의 새가 충돌한다고만 가정해 봐도 735만 마리가 목숨을 잃는 셈이지. 더군다나 숲 주변의 건물에서는 1년에 한 마리가 아니라 하루에도 많은 새가 충돌하는 것이 현실이야. 우리나라에서 매년 800만 마리의 새가 유리창 충돌로 죽는다는 것이 아무 근거 없이 나온 숫자가 아니라는 뜻이지.

그런데 건물의 유리창만큼이나 심각한 것이 도로의 투명 방음벽이야. 도로에서 발생하는 다양한 소음으로부터 주민을 보호하기 위해 만든 시설물인데, 고속도로의 방음벽은 서식지를 가로지르는 경우가 많아 건물 유리창보다 더 직접적인 위협이 되고 있어. 날마다 새로운 건물이 생기고 없던 길도 새롭게 뚫리고 있지. 그만큼 어제는 없던 유리창과 투명 방음벽이 늘어나는 거야.

충돌의 이유는 투명한 창이 보이지 않기 때문이고 새의 비행

속도가 빠르기 때문이야. 사람이 걷는 속도가 시속 4km 정도인데, 새의 비행 속도는 시속 36~72㎞야. 충돌 시 충격량 자체가 달라.

새가 항공기에 부딪혀 동체가 찌그러지거나 엔진 속에 빨려들어가 부품이 파손되는 것을 버드 스트라이크라 불러. 항공기의 안전 운항에 큰 차질이 생기며 심할 경우에는 유리창이 깨지거나 폭발이 일어나 대형 사고로 이어질 수 있어. 어마어마한 비행기에 새 하나가 부딪혀 봐야 아무 일 없을 것 같지만, 그렇지 않다는 거야. 실제로 1.8kg의 오리 종류가 시속 960㎞로 비행하는 항공기와 부딪히면 64t 무게의 충격을 주는 것과 같다고 해. 속도 때문이지. 새가 온전할 수 없는 것은 당연하고.

인간은 학습을 통해 유리가 있다는 것을 인지하기 때문에 부딪히지 않지만 새는 유리에 대한 학습 기회조차 없어. 부딪히면 죽으니까. 그래서 사람들이 방법을 찾아보긴 했어. 한동안 맹금류 스티커를 유리창에 붙였는데 본 적이 있니? 버드 세이버(bird saver)로 알려졌지만 이름과 달리 새를 구하지 못해. 심지어 아무런 소용이 없어.

새들이 맹금류 스티커를 실제 맹금류로 인식해 근처에 얼씬도 하지 않으리라는 발상은 새를 너무 모르거나 무시하는 처사야. 새들은 더불어 살아가는 이웃 생명, 특히 다른 새에 대해 정확한 정보를 가지고 있어. 소리는 말할 것도 없고 암수를 구분하며 저들의 섬세한 습성까지 알고 있거든. 게다가 자신의 생명을 앗아갈 수 있는 맹금류를 비롯한 천적에 대해서는 훤히 꿰고 있지.

그러면 새를 유리창 또는 투명 방음벽으로부터 지킬 길은 없을까? 고맙게도 있어. 길은 찾으면 있더라고. 2019년 3월, 환경부는 '야생 조류 유리창 충돌 저감 캠페인'을 시작하며 상당히 효과적인 저감 방법을 제시했어. 지역과 시간을 가리지 않고 광범위하게 발생하는 새의 유리창 충돌 사고, 이제 전 국민의 참여로 줄일 수 있어. 바로 5×10 규칙이야.

비행할 수 없는 틈, 5×10 규칙

5×10 규칙은 높이 5cm, 폭 10cm의 틈 또는 공간에서 새들이 비행을 시도하지 않는다는 규칙을 말한다. 아무리 작은 새여도 날개를 완전히 폈을 때의 길이는 10cm가 넘으며, 위아래로 날갯짓을 하는 폭도 5cm가 넘기 때문에 높이 5cm, 폭 10cm가 넘는 공간이어야 비행을 시도한다. 이러한 조류의 특성을 이해하여 건물 유리창에 물감 또는 스티커로 점을 찍거나 선을 표시하면 새들은 자신이 지나가지 못할 것이라고 인지하기 때문에 유리창을 회피하여 비행한다.

생물다양성의 걸림돌을 디딤돌로 삼아

국민이 새를 살리는 5×10 점 찍기

유리창에 5×10 규칙으로 8mm 크기 이상의 점을 아크릴 물감으로 그리는 방법이다. 주의할 점은 반드시 건물 외부에 적용해야 한다. 실내에 점을 찍을 경우 외부 풍경의 반사는 막을 수 없다. 외부에 적용하기 힘든 고층 아파트라면 효과가 조금 떨어지지만 내측에 적용한다.

국민이 새를 살리는 5×10 붙이기

점 대신 5×10 규칙을 적용한 스티커를 붙이는 것도 효과적이다. 스티커 모양은 무엇이든 상관없지만 외부에 붙여야 하므로 자외선이나 열에 견디는 내후성이 좋은 제품이어야 한다. 유리창용 펜이나 수정액을 사용한 글씨 또는 그림도 좋은 방법이 될 수 있다.

국민이 새를 살리는 5×10 줄 걸기

6mm 이상 굵기의 줄을 10cm 간격으로 늘어뜨린다. 공동주택의 방음벽이나 주차장 외벽 등에 적용하기 좋다. 바람 등의 영향으로 줄 간격이 벌어지거나 들릴 수 있기 때문에 지속적인 확인이 필요하다.

국민이 새를 살리는 5×10 그물망

채광이나 경관 확보가 필요치 않은 장소에 적합하며 시공이 간편하다. 그물망 줄이 가늘면 새가 엉켜 다칠 수 있다. 줄은 굵게 하되 그물눈이 너무 좁지 않아야 한다. 또한 그물망을 유리창과 너무 가깝게 설치하면 새가 유리창에 부딪히는 것과 같은 충격을 받을 수 있으므로 최소 5cm 이상 떨어뜨려 설치한다.

자료: 환경부

서식지 복원과 종 복원을 위한 노력

"소 잃고 외양간 고친다"는 말 들어 보았지? 맞아. 소를 잃기 전에 외양간을 고쳐야 도둑을 막을 수 있지, 도둑맞은 뒤에 고쳐 봐야 소용없다는 뜻이야. 하지만 소를 잃은 뒤라도 외양간을 제대로 고치면 소를 다시 잃는 일은 막을 수 있어.

우리 땅의 생물 중 잃은 종이 많아. 멸종해 버린 거야. 막아야 했지만 그러지 못했기에 복원이라도 하려고 애쓰고 있지. 반달가 슴곰, 황새, 여우, 따오기의 복원이 그래. 어마어마한 비용을 들였 고 복원 자체는 어느 정도 성공했어. 하지만 저들이 자연에 제대로 적응하며 안정적으로 개체 수를 늘려 갈 것인지는 의문이야. 그렇다고 포기할 수는 없어. 아무리 어려운 일일지라도 헤쳐 나가야 한다고 생각해.

따오기 이야기를 해 볼게. 1925년에 발표된 동요 '따오기'는 "보일 듯이 보일 듯이 보이지 않는 따옥 따옥 따옥 소리 처량한 소리"라는 가사로 시작해. 노래처럼, 그리고 이름처럼 따옥 하고 우는 따오기는 크기 약 75cm로 동아시아 지역에 분포하는 저어새 과의 중형 조류야. 전반적으로 흰색이지만 얼굴과 다리는 붉은 색, 부리는 검은색이지.

따오기는 과거 우리나라 전역의 논과 늪을 비롯한 습지에서 쉽게 만날 수 있는 새였다고 해. 실제로 1982년에 쓰인 《A List of Birds collected in Corea(한국에서 수집한 새 목록)》에서 저자 C. W. 캠벨은 "따오기는 한국에서 겨울과 봄에 흔하게 볼 수 있는 새"라고 기록하고 있어.

그토록 흔했었으나 근현대의 시간이 흐르며 인구 증가, 산업화로 인한 수은, 카드뮴, 납을 비롯한 중금속 발생 급증, 농약과 제초제의 과다 사용, 산업 및 생활 쓰레기 증가로 인한 수질 오염이 습지에서 살아가는 따오기의 생존에 치명타를 입힌 거야.

특히 우리나라의 경우 한국 전쟁이 끝난 직후 시행된 국토 복원 사업으로 따오기의 서식지인 습지가 크게 감소한 것도 멸종의 이유 중 하나로 꼽히고 있어. 또한 먹고살기 힘든 시기에 벌어진 '남획', 그러니까 대량 포획도 따오기의 멸종을 가속화했고.

우리나라의 경우 1979년에 본 것이 마지막이야. 우리나라에서는 사실상 멸종이라는 뜻이지. 세계에 3,000마리 정도가 남아 있는 따오기는 국제자연보전연맹의 적색목록에서 'EN(멸종 위기)' 등급을 부여받았어. 'VU(취약)' 등급을 받은 북극곰과 대왕판다보다 현재 따오기가 처한 위기가 훨씬 위급한 상황이라는 뜻이지.

최근에는 경상남도 창녕군에서 따오기 복원에 성공했어. 다행이고 기쁜 일이야. 하지만 안정적으로 개체 수가 늘어날 것인지는 알 수 없어. 어떤 종이 멸종의 문턱에 이르렀다가 복원에 의해 개체 수가 늘어난 경우 개체 수가 회복되기 이전의 얼마 되지 않는 개체들의 유전체가 그대로 복사되어 유전자 다양성이 매우 단순하기 때문이야.

북방코끼리물범은 1890년대에 30마리 정도만 남아 멸종 위기에 몰렸으나 다시 숫자가 불어나 현재는 수십만 마리에 이르고 있지. 하지만 여전히 유전자 다양성이 극히 낮은 것으로 알려져 있어. 숫자는 늘었지만 한순간에 꺾일 수도 있는 불안한 지경이라는 뜻이지. 실제로 이러한 위태로운 사례가 많아.

종의 복원만큼이나 중요한 것이 있어. 멸종 위기에 처한 종뿐만 아니라 현재의 허다한 종들 또한 그 앞날을 보장할 수 없다는 거야. 그러니 아직 개체 수가 넉넉한 생물종일지라도 잘 관리할 필요가 있어.

어쩔 수 없이 두 길을 나누어 가야 할 것 같아. 멸종 위기 또는 멸종한 종은 복원하고 현재 있는 종은 잘 관리하는 것이지. 굳이 경중을 따진다면 현재 있는 종의 관리에 조금이라도 더 무게를 두고 싶어. 있는 것을 제대로 관리하여 지키는 것이 사라진 뒤 복원하는 것보다 천 배 만 배 수월하기 때문이야.

생물다양성의 걸림돌을 디딤돌로 삼아

그러면 어떻게 관리해야 할까? 관리의 길은 그대로 두는 것, 곧 간섭하지 않는 거야. 하지만 간섭을 도저히 피할 수 없다면 최소화하는 길이라도 찾아야 하겠지. 생물종이든 자연환경이든 복원한다고 간섭하여 더 망가뜨리는 경우가 많이 보여서 그래.

자연환경 복원에 대한 이야기를 하나 해 볼게. '죽음의 호수', '태어나지 말았어야 할 호수', '무지가 빚은 호수', '인간의 욕심이 낳은 호수', '지극히 일부를 아는 것으로 전부를 안다고 착각하는 오만이 낳은 호수'……. 혹시 이곳이 어디를 말하는지 알아? 시화호야. 들어 보았지?

시화호는 경기도 시흥시·화성시·안산시에 걸쳐 있는 인공 호수야. 드넓고 수심도 깊어 바다로 착각하는 경우가 많지. 착각할 만해. 원래 바다였으니까. 시화호는 시화 방조제의 건설로 탄생했어. 방조제는 1987년 4월에 공사를 시작해 1994년 1월에 완공되었어. 6년 9개월 만이었지. 당시 정부는 방조제가 완공되면 바닷물을 빼낸 뒤 민물 호수로 만들어 인근 간척지에 농업용수를 공급할 계획이었어.

하지만 생각과 다르게 시화호의 수질 상태는 급격히 악화되기 시작했지. 근처 도시들의 급속한 산업화와 인구 증가로 오·폐수 유입이 급속도로 빨라진 탓이었어. 여기에 흐르던 물이 멈춰

서면서 여러 문제가 발생한 거야. 바닷물이 들고 나던 곳을 억지로 막은 대가는 컸지. 시커멓게 썩은 물에서는 악취가 진동해 가까이 가기도 힘들 정도였어. 시화호는 엄청 심각하게 오염되어 버렸지.

시화 방조제가 생기기 전, 생물다양성 최고 수준이었던 갯벌이 물의 흐름이 막히고 그저 3년이 지났을 뿐인데 생명의 흔적을 찾아보기 힘든 죽음의 호수가 되고 만 거야. 시화호의 오염이 심각해지자 1996년 정부는 시화호 수질 개선을 위해 방조제 갑문을 열기 시작했어. 담수화를 잠시 중단하고 오염된 호수의 물을 바닷물로 희석한다는 취지였지.

하지만 생각대로 되지 않았어. 오히려 문제가 더 커졌지. 자연은 가둘 수가 없거든. 시화호 인근의 서해 연안까지 시화호 오염수가 퍼진 거야. 다량의 중금속이 서해 연안의 퇴적토층을 오염시켰고 부영양화로 인한 적조 현상이 발생해 근처 바다의 물고기들이 떼죽음을 당하는 등 심각한 문제가 발생했어.

2001년 1월, 정부는 결국 시화호의 담수화 계획을 완전 폐지하고 바닷물 농도가 높은 해수호로 관리하기 시작했어. 또한 시화호 생태 관리 계획을 마련해 오염 물질 관리를 시행하고 갈대를 이용한 인공 습지의 조성 등을 통한 대대적인 시화호 정화 사

업도 병행했고.

이러한 노력으로 완전히 망가졌던 시화호는 조금씩 원래의
모습을 되찾고 있어. 가장 결정적인 역할을 한 것은 시화호 제2배
수갑문을 통한 해수 유통과 시화호 조력발전소의 가동에 의한 조
간대의 복원이라 할 수 있어. 갑문을 통해 그동안 막혀 있던 시화
호의 물길을 뚫어 바닷물이 드나들게 하여 수질을 개선한 거야.

조간대는 만조 때의 해안선과 간조 때의 해안선 사이의 부분으로 해조류, 패류, 갑각류, 고둥류, 연체류, 식물, 조류 등 여러 생물이 서식하는 장소를 말해. 갯벌 생물다양성을 유지하는 데 가장 중요한 곳이지. 이 중에서도 오염된 시화호와 주변 서해 연안의 갯벌을 떠났던 수많은 물새가 다시 돌아온 것은 기적으로 여겨지고 있어.

하지만 전문가들은 아직 시화호의 상처가 다 아물지 않았다고 보고 있어. 완치되기 위해서는 더 오랜 시간이 필요하다고 보는 거야. 아직 속 모습까지는 아니더라도 시화호의 겉모습은 예전과 비슷해진 것이 사실이야.

시화호를 보니 어떤 생각이 들어? 너무 안타깝고 아프지 않니? 도대체 우리가 어떤 못난 짓을 한 것인가 하는 자책이 들어. 멀쩡하고 건강한 다리를 일부러 부러뜨리고 오랜 시간과 엄청난 비용을 들여 예전의 반 정도로 회복한 상태를 두고 기뻐하는 꼴이잖아. 더 속상한 것은 지금도 우리나라에서는 또 다른 시화호들이 여기저기서 만들어지고 있다는 거야. 여전히, 여전히, 여전히 '개발'을 부르짖으며……

서식지와 서식종의 보호를 위해 아예 법으로 정해 자연과 그 안에 깃들인 생물에 손을 대지 못하게 하거나, 적어도 손을 대기 어렵게 하는 것도 방법일 수 있어. 그런 목적으로 출발한 것이 보호구역이야.

생물다양성과 관련하여 우리나라에서도 몇몇 보호구역을 지정하여 관리하고 있어. 산림보호구역, 해양보호구역, 습지보호구역, 천연보호구역, 야생생물보호구역이 그것이야. 보호해야 할 곳을 정확히 가려 지정하고 잘 관리한다면 생물다양성 측면에서 큰 의미가 있다고 생각해.

외래종의 도입과
생물종의 남획

3

우리나라에 아주 오랜 시간 터 잡고 살아온 생물들이 있어. 고유종이라 불러. 물론 그들 사이에는 오랜 시간을 두고 다져진 질서와 조화와 균형이 있지. 그런가 하면 고유종이 아닌데 이런저런 이유로 우리나라에 와서 살게 된 생물들도 있어. 이런 생물들을 외래종이라고 불러.

외래종의 경우 우리나라에 살지 않았던 종이기 때문에 동물의 경우 천적이 없을 수 있어. 개체 수가 폭발적으로 늘어날 수밖에 없고 먹이사슬에 변화를 일으켜 그동안 유지되었던 생태계의 질서, 조화, 균형을 깨기 쉬워. 교란을 일으키는 것이지.

식물도 마찬가지야. 우리 땅의 식물에게는 오랜 시간 경쟁과 양보와 전쟁과 화해를 거듭하며 마련한 더불어 삶의 틀이 있어.

인위적으로 관리하는 곳이 아니라면 어느 한 종이 일정 지역을 독점하는 일은 거의 없지. 논둑이나 밭둑, 그 어디라도 수많은 종류의 들꽃이 나름의 꼴로 함께 살아가. 어느 곳이든 다양성이 유지되고 있었던 것이지.

그런데 지금은 서식하는 식물이 단순하거나 외래종 한두 종만 사는 경우가 흔해. 경쟁 우위에 있는 종이 도입될 경우 그 종이 전국을 뒤덮는 것은 시간문제야. 기존의 식물들은 점점 삶의 터전을 잃어 가다 결국 생존 자체가 위협을 받는 지경에 이를 수밖에 없어. 결과는 생물다양성이 급감하는 것이지.

생태계 교란을 불러온 외래종

자연은 우리가 바라는 대로 작동하지 않아. 더군다나 생물을 일정 공간에 영원히 가두어 키울 수 있다는 생각은 착각이야. 우리가 아는 것은 지극히 일부이건만 자연을 다 안다는 오만과 착각으로 외국의 동물과 식물을 무분별하게 도입한 때가 있었어. 관상용 또는 반려동물로 도입했다 끝까지 책임지지 않고 유기하는 사례도 많아. 외국으로의 여행이 수월해지고 빈번해지며 의도

치 않게 도입된 경우도 있고 말이야. 어느 경우든 결과는 같아. 살 곳을 찾아 고유종의 영역을 침범한 외래종으로 인해 엄청난 생태계 교란이 발생하지.

생태계 교란 생물은 생태계의 균형을 파괴하거나 파괴할 우려가 있는 생물, 또는 생태계에 미치는 해가 크다고 판단되는 생물로 환경부에서 지정해. 1998년 황소개구리, 큰입배스, 파랑볼우럭 3종을 지정한 것을 시작으로 2022년 10월에 늑대거북과 돼지풀아재비 2종을 신규 지정함으로써 생태계 교란 생물은 2023년 7월 기준 총 1속(붉은귀거북속) 36종에 이르고 있어. 생태계 교란 생물로 지정되면 환경청의 허가를 받은 경우를 제외하고 수입,

사육, 양도, 양수 등을 할 수 없어.

생태계 교란 생물 중 교란의 정도가 심하고 주변에서 쉽게 만날 수 있는 몇 종을 소개할게.

★ 어류_큰입배스, 파랑볼우럭

큰입배스와 파랑볼우럭은 식용을 목적으로 도입된 물고기야. 큰입배스는 보통 배스로 줄여 부르고, 파랑볼우럭은 아가미(gill)에 파란색 점이 있어서 블루길이라는 이름으로도 불려. 큰입배스는 1973년에 미국에서 건너왔고, 블루길은 1969년에 일본에서 도입됐어.

이후 두 종에 의한 생태계의 교란이 심각해지자 환경부는 1998년 2월, 아래에 나오는 황소개구리와 함께 3종을 생태계 교란 생물로 지정하기에 이르렀어. 배스와 블루길은 식용을 목적으로 도입됐지만 그렇게는 거의 이용되지 못했을 뿐만 아니라 우리나라 고유 어종의 치어를 싹쓸이하듯 먹어 치워 어류의 종 다양성을 심각하게 위협하고 있어.

★ 양서류_황소개구리

황소개구리는 미국 남부 지역이 원산지야. 울음소리가 황소와 비슷해 이런 이름을 붙였지. 우리나라에는 1971년 식용을 목적으로 도입되었어. 그런데 수요가 없자 농장이 관리되지 않으면서 자연으로 흘러들었어.

황소개구리는 포식성이 엄청 큰 종이야. 눈에 보이는 대로 먹어 치운다고 생각하며 될 거야. 곤충과 어류는 기본이고 다른 종류의 양서류, 게다가 개구리의 천적인 뱀 종류, 쥐를 비롯한 소형 포유류까지 잡아먹어. 번식력 또한 어마어마해. 약 1,000개의 알을 낳는 참개구리에 비해 황소개구리는 1만~2만 5,000개의 알을 낳으며 부화도 무척 빨라. 올챙이의 크기는 무려 12㎝가 넘어. 올챙이가 다른 종류의 개구리 성체보다 더 큰 셈이지.

황소개구리의 증가로 우리나라 고유 서식종이 급격히 감소했어. 생명체의 서식지를 인간이 멋대로 옮기는 것이 얼마나 위험한 일이며, 더군다나 인간이 자연에 있는 생명을 관리할 수 있다는 생각 또한 얼마나 위험한 것인지 일깨워 준 사례이기도 해.

| 큰입배스 | 블루길 | 황소개구리 |

출처: 큰입배스, 황소개구리-국립생태원 외래생물팀 / 블루길-국립생물자원관

생물다양성의 걸림돌을 디딤돌로 삼아

★ 파충류_붉은귀거북

저수지나 하천에서 무리를 지어 볕을 쬐는 붉은귀거북속의 거북을 많이 보았을 거야. 원래는 미시시피강 일대에 살던 종인데 1970년대 후반에 애완용으로 우리나라에 들여왔다가 자연에 퍼진 것으로 추정하고 있어.

거북 종류는 어릴 경우 사육 공간이 좁아도 되지만 성장하면 꽤 넓은 사육 공간이 필요해. 쑥쑥 크기 때문이지. 커지면 먹이도 엄청 먹고 배설량이 늘어나는데 냄새까지 고약해서 관리가 쉽지 않아. 버려지는 경우가 많은 이유지.

우리나라의 민물 거북은 남생이와 자라 두 종뿐이야. 그런데 어느 날 갑자기 새로운 거북들이 등장한 셈이지. 현재 엄청난 포식성과 번식력으로 무장한 새로운 거북들이 남생이와 자라의 공간뿐만 아니라 수생태계 전반을 위협하며 점령해 가고 있어.

★ 포유류_뉴트리아

뉴트리아는 남아메리카로부터 흘러들어 온 엄청 큰 쥐 모습의 포유류야. 갈색이며 몸길이는 43~63cm지. 다리가 짧고 발가락은 다섯 개인데, 첫째 발가락에서 넷째 발가락 사이에 물갈퀴가 있어 헤엄을 잘 쳐. 하천이나 연못에 있는 둑에 구멍을 파고 군

집 생활을 하지. 주요 먹이는 수생식물의 잎과 뿌리이며, 수명은 약 10년이야.

우리나라에는 1980년대 후반 모피용으로 도입되었어. 하지만 모피의 수요가 감소하고 모피 반대 운동이 확산하면서 사육을 포기하는 농가가 늘어났지. 그러다 보니 차츰차츰 자연으로 흘러들게 되었어.

뉴트리아는 번식력이 왕성한 데다 마땅한 천적이 없어 숫자가 급증하고 있어. 뉴트리아가 서식하는 곳에는 습지식물과 수생식물이 남아나지를 않아. 결국 습지는 자정 능력을 잃게 되며 순차적으로 생물다양성 전반이 무너지는 운명을 맞게 되지.

★ 무척추동물_왕우렁이

농사를 짓는 방법 중 유기 농법이라는 방법이 있어. 화학 비료나 농약을 쓰지 않고 천적이나 분변토 등을 이용하는 농사법을 말해. 그중 우렁이 농법이 있었어. 제초제를 사용하는 대신 우렁이를 방사하여 논에서 잡초를 제거하는 친환경 농법인데 실제로 잡초 방제 효과도 높았어. 하지만 한 가지 문제가 있었지. 이렇게 뿌려진 우렁이가 고유종인 논우렁이가 아니라 왕우렁이라는 거였어.

왕우렁이는 아마존강 유역의 얕은 호수와 늪지대에 서식하는 종으로 논우렁이와는 형태만 비슷할 뿐 완전히 다른 종이야. 왕우렁이는 수면에 접한 풀을 먹는 습성이 있어. 식욕이 왕성하지만 벼처럼 물 위로 올라와 서 있는 식물은 손대지 않는 거야. 수면에 떠 있는 잡초를 모두 먹어 치우니 잡초 방제 생물로 최적이라 할 수 있지.

그런데 문제는 왕우렁이가 우리의 바람대로 논에만 점잖게 있어 주지는 않는다는 거야. 자연 생태계로 유출된 왕우렁이는 왕성한 식성과 번식력으로 하천 생태계를 위협하고 있어.

논우렁이의 새끼는 알로 태어나 어미의 몸속에서 부화하여 성장한 다음 밖으로 나와. 왕우렁이는 몸 밖으로 알을 낳아 번식을 하고. 하천의 수초 줄기나 바위에 선홍색의 알 덩어리가 붙어 있다면, 왕우렁이의 알이야. 지금도 하천의 식물들은 왕우렁이에게 소리 없이 갉아 먹히고 있을 거야.

붉은귀거북　　　　뉴트리아　　　　왕우렁이

출처: 붉은귀거북, 뉴트리아-국립생태원 외래생물팀 / 왕우렁이-국립생물자원관

★ 갑각류_미국가재

미국 남동부와 멕시코 북부가 원산지야. 애완용으로 키우다 자연으로 흘러들었어. 우리나라 가재와 모습은 비슷하지만 커. 붉은색이 강해 붉은가재라고도 불러. 공격성이 커서 토종 가재는 물론 토착생물 전반을 위협하는 종이야.

주로 하천이나 강을 비롯한 담수에서 살지만 짠물에도 내성이 있어 강 하구의 강물이 바다로 들어가 바닷물과 서로 섞이는 곳인 기수역에서 발견되기도 해. 굴을 깊게 파서 추위도 잘 피하는 등 환경 적응력이 뛰어나고 수명도 긴 편이야.

가장 큰 걱정은 미국가재에게 있는 물곰팡이 종류가 다른 가재 종류에게 전염되면 가재 페스트가 발병하여 폐사율이 거의 100퍼센트에 이를 만큼 치명적이라는 점이지. 정작 미국가재는 가재 페스트에 내성이 있어 피해가 없어. 따라서 지역 하천에 붉은가재가 유입되면 해당 유역의 토착종 가재들은 전멸할 수도 있어. 최근 우리나라의 주요 하천과 대도시 인근의 연못에서도 미국가재의 숫자가 급증하고 있어 걱정이야.

★ 곤충_꽃매미

꽃매미는 매미 종류로 중국에서 서식하다 우리나라에 도입된

종이야. 성충은 20㎜ 정도의 크기야. 앞날개에는 연한 회갈색의 검은 반점이 있어.

꽃매미를 구별하는 가장 큰 특징은 뒷날개야. 날개를 펼치면 붉은색이 나타나거든. 나무의 즙액을 빨아먹는데 배설물은 식물에 그을음병을 일으켜 줄기를 말라 죽게 해. 단맛이 나는 과일의 품질을 떨어뜨리는 것으로 널리 알려진 해충이야.

미국가재

꽃매미

출처: 국립생태원 외래생물팀

★ 식물_환삼덩굴

환삼덩굴은 이름이 말해 주듯 덩굴식물이야. 중국과 일본으로부터 보리가 도입될 때 유입된 것으로 추정하고 있어. 번식력이 어마어마한데 특히 하천의 경사면은 거의 독차지하고 있어. 덩굴을 주변 식물에게 뻗어 그 위를 지붕처럼 덮어 죽게 하지. 줄기에 짧은 가시까지 빼곡히 돋아 있어 장갑을 끼고도 다루기 힘들어. 덩굴성이라 예초기에 잘 엉켜 제거하기도 힘들고.

★ 식물_단풍잎돼지풀

잎 모양이 단풍잎을 닮아 단풍잎돼지풀이라 불리지만 실제 크기는 단풍잎의 10배 정도야. 일반적인 땅에서는 1~2m, 하천 주변에서는 3~4m 높이까지 자라. 가을이면 꽃가루가 많이 날리는데 알레르기성 비염, 기관지 천식, 결막염, 피부 가려움증 등을 일으키지.

원래는 북아메리카에 살던 식물인데 한국 전쟁 때 군수물자와 함께 도입된 것으로 추정하고 있어. 예전에는 주요 서식지가 휴전선 주변이었으나 현재는 무서운 속도로 전국에 퍼지고 있지. 번식력이 워낙 강해 단풍잎돼지풀이 서식하는 곳에서는 다른 식물이 살지 못할 정도야.

★ 식물_가시박

가시박은 가시가 많이 달려 있는 박과 식물이야. 덩굴성이며 잎은 오이 잎과 비슷해. 미국 원산이며 오이의 수확량을 늘리고 병충해에 강한 종을 선별할 목적으로 도입되었으나 우리나라의 골칫거리 식물로 전락하고 말았어.

덩굴성이어서 금세 농지를 덮어 버리고 나무도 타고 올라가 고사시켜. 열매 또한 억센 가시로 뒤덮여 있어 동물이 접근하기도 힘들어. 가시박이 번지는 곳에는 그 무엇도 살 수 없다는 뜻이지. 열매가 물을 따라 이동하는 특성이 있어서 하천을 따라 급속도로 번지며 생물다양성을 위협하고 있어.

| 환삼덩굴 | 단풍잎돼지풀 | 가시박 |

출처: 국립생태원 외래생물팀

생태계 교란 생물에 대해 이런 주장이 있어. 도입 초기에는 개체군이 폭발적으로 커지지만 일정 시간이 지나며 안정되기 때문에 일시적 교란일 뿐 길게 보면 큰 문제가 없다는 거야.

맞아, 왕성할 때와 비교하면 줄어들지. 자연스러운 거야. 한 개체군이 무한정 늘어나지는 못하니까. 자연이 허락하지 않거든. 결정적으로 먹을 것이 사라지기 때문이야. 그러니 대표적인 생태계 교란 생물인 배스, 블루길, 황소개구리 모두 이제 엄청 줄어든 것이 사실이야.

하지만 중요한 사실을 놓치고 있어. 배스와 블루길과 황소개구리가 최대로 늘어났다 할 수 없이 줄어드는 그 사이에 우리나

라의 고유종이 사라졌다는 거야. 멸종에 이르렀거나 생물다양성
이 돌이키기 어려울 정도로 상처를 받았지. 다른 외래 이입종의
경우에도 비슷한 상황이 벌어졌고, 또 벌어지고 있어. 생물종의
서식지를 함부로 옮기는 것은 삼가는 것이 맞아.

생물다양성을 파괴하는 남획

　인류는 오랜 시간 자연에 깃들인 생물을 채취하거나 포획하
고 그것을 먹으며 생존해 왔어. 채취는 풀이나 나무 따위를 캐거
나 베어 취하는 것을 말하고, 포획은 짐승이나 물고기를 잡는 행
위를 뜻해. 근래는 음식의 많은 부분을 재배나 양식을 통해 얻지
만 적잖은 부분을 여전히 자연으로부터 취하거나 잡아서 채우고
있지. 채취와 포획 그 자체를 내가 직접 하지 않을 뿐이야.

　그런데 인간의 욕심은 그저 배고픔을 달래는 것에서 멈추지
않아. 음식을 넘어 건강에 이롭다는 이유로, 산업 재료로 쓴다는
이유로, 눈을 즐겁게 할 장식을 만든다는 이유로, 혹은 보다 안락
한 삶을 추구한다는 이유로 수많은 동식물이 희생됐어. 인간이
특정 생물종을 지나치게 많이 잡거나 캐는 바람에 생물다양성이

악화되거나 멸종의 운명을 맞는 동식물이 증가한 거야.

잡거나 캐거나 잘라 내는 것으로 어떻게 한 생물종이 사라질 수 있느냐 할 수 있어. 하지만 사실이야. 우리는 그렇게 우리 땅에서 오랜 시간 잘 살았던 호랑이, 표범, 스라소니, 여우, 곰 등을 잃었으니까. 대부분은 가죽이나 목도리를 얻는 대가로 사라졌어. 또는 근거도 없는 어떤 건강 성분을 함유했다는 것이 멸종의 이유였지.

외국의 상황도 다르지 않아. 1810년대 북아메리카 대륙 전역에 걸쳐 서식하던 30억~50억 마리의 나그네비둘기는 1914년 신시내티 동물원에서 마지막 남은 한 마리가 죽으면서 지구에서 그 모습을 완전히 감췄어. 고기가 맛있고 깃털이 필요하다는 이유로 사람들이 무분별하게 나그네비둘기를 사냥한 결과였지. 북아메리카 들판을 새까맣게 메웠던 아메리카들소도 한때 사냥의 대상이 되는 바람에 지금은 얼마 남지 않았어.

채취와 포획을 넘어 자연에 깃들인 생물을 절제 없이, 무분별하게, 지나치게 많이 잡아 개체 수를 감소시키는 일을 남획이라고 해. 자연은 우리에게 무한히 내어줄 것만 같았지. '그 넓은 바다에서 물고기가 사라지겠어?', '그 드넓은 곳에서 사는 고래를 어떻게 다 잡아서 멸종시킬 수가 있겠어?' 하고 생각했지. 그런데 결국 모든 것이 현실이 되고 만 거야.

포획, 채취, 남획…… 이 모든 것의 공통점은 하나, 인간에서 비롯한다는 거야. 그중에서도 인간의 지나친 욕심에서 말이야. 인간의 지나친 욕심은 생물다양성을 파괴하는 결정적인 원인 중 하나로 작용했어.

씨앗 전쟁과 종자 은행

지금 우리 곁에 있는 식물은 약 10억 년 전 지구에 출현한 것으로 추정하고 있어. 10억 년…… 말이 쉽지 실제로는 가늠조차 할 수 없는 긴 시간이야. 그 오랜 시간 식물은 어마어마한 생명력을 바탕으로 꿋꿋하게 잘 살아왔지. 하지만 최근 50년 남짓, 식물의 역사로 보면 티끌보다 짧은 시간에 위기를 맞고 있어. 바로 씨앗 때문이야.

식물은 씨앗이 싹터 생겨. '씨', '씨앗' 하면 떠오르는 사람이 있을 거야. 맞아, 문익점이지. 고려의 외교 기록관이었던 문익점은 1360년에 중국 원나라에 갔다가 목화 씨앗을 가져온 것으로 알려져 있어. 목화가 건너오면서 완전히 다른 세상이 시작됐지.

직물이 삼베에서 무명으로 바뀌었다는 것은 거칠고 무겁고 추운 세상에서 보드랍고 가벼우며 따뜻한 세상으로 바뀌었다는 것을 뜻하거든. 이처럼 씨앗 하나에도 세상을 완전히 바꿀 힘이 있으며 그 힘은 지금도 여전해. 아니, 세상이 변하며 더 강력해졌다는 것이 옳겠어.

그런데 문익점 같은 사람이 우리나라에만 있는 것은 아니었어. 크리스마스트리 알지? 상록 침엽수를 이용해 전등과 각종 장식품을 꾸미잖아. 상록 침엽수 중에서도 으뜸으로 꼽는 나무가 구상나무야. 구상나무는 유럽이나 미국의 나무로 생각되는 경우가 많은데 한라산, 지리산, 덕유산 등의 높은 산지에서만 자생하는 우리나라 고유종이야.

1915년, 유럽의 신부들이 선교를 위해 우리나라에 왔다가 구상나무 종자를 가지고 가서 지금의 크리스마스트리로 개량한 거야. 크리스마스 시즌이 다가오면 구상나무가 엄청 팔리지만 그 수익에 우리나라 몫은 없어. 이런 예가 한둘이 아니야.

세상은 지금 치열한 씨앗 전쟁을 벌이고 있어. 씨앗 문제가 정원수 정도로 그친다면 굳이 전쟁이라는 표현까지 하지는 않았을 거야. 이 문제는 바로 턱밑까지 다가왔어. 식탁에서도 벌어지고 있거든.

고추는 우리나라 농산물의 자존심이라 할 수 있잖아. 현재 대세는 청양고추가 아닌가 싶어. 그런데 청양고추가 지금은 우리나라의 고추가 아닌 거 알아? 우리나라 종묘 회사가 개발하기는 했어. 하지만 1997년 IMF 외환위기 직후 멕시코의 종자 회사로 재산권이 넘어갔고, 이어 다국적 기업인 몬산토가 인수했다가 독일의 제약 회사 바이엘이 2018년에 사들였어. 따라서 청양고추의 현재 주인은 바이엘이야. 우리 농민들은 청양고추를 심을 때마다 바이엘에 로열티를 지불해야 한다는 뜻이지. 바이엘이 씨앗을 팔지 않으면 우리는 청양고추를 재배할 수도 없는 것이고.

고추뿐만이 아니야. 무, 배추, 양파, 당근 등 토종 채소의 80퍼센트 정도는 이미 재산권이 해외에 있어. 2006년부터 2015년까지 10년간 우리나라가 해외로 지급한 농작물 관련 로열티는 약 1,457억 원이야.

농사짓고 씨앗을 받아 두었다가 다음 해에 쓰면 되지 않느냐 할 수 있어. 하지만 종자 회사들은 그렇게 허술하지 않아. 유전공학을 이용해 한번 재배한 식물의 다음 세대는 씨앗이 싹트지 않게 하는 터미네이터 종자를 개발해 적용하고 있어.

현재 세계의 종자 시장은 소수 다국적 기업들의 독점 체제로 운영되는 경우가 많아. 이미 오래 전부터 종자 전쟁은 벌어지고 있었던 거야. 총소리만 없었을 뿐이지.

미래에는 생물다양성, 특히 종자에 대한 주권을 쥐는 국가가 세계를 지배할 가능성이 높아. 그래서 글로벌 씨앗 회사들은 기를 쓰고 막대한 자금을 투자하여 경제적 가치가 높은 씨앗을 수집하고 보존하고 있는 거야. 이러한 상황에 우리나라도 종자와 관련하여 다양한 프로젝트를 진행하고 있어. 종자 은행의 운영이 대표적인 예야.

우리의 주식은 쌀이잖아. 쌀을 맺는 것이 벼고. 일제 강점기 전, 우리 벼는 1만 3,000품종에 이르렀을 것으로 추정하고 있어. 국토 면적과 기후를 고려할 때 다양성이 꽤 확보되었다고 볼 수 있지. 하지만 강점기를 지나며 품종 개량이라는 이름 아래 고유 품종이 많이 사라졌는데, 벼의 유전적 다양성에 일격을 가하는 일이 벌어지고 말아. 다수확 품종 '통일벼'의 보급이었지.

말이 보급이지 실제로는 강제였어. 1970년대 중반까지도 우리나라는 쌀 부족 국가였거든. 한 톨의 쌀이 귀했던 시절에 쌀 생산량을 늘려 백성을 두루 배부르게 하겠다는 선한 생각에서 시작한 일이었던 것은 맞아. 그런데 생명체에 손을 대는 일은 동기의 선함과 관계없이 혹독한 대가도 치를 때가 허다해. 더욱이 품종의 획일화와 재래 품종 벼의 소멸을 포함한 유전자 다양성의 붕괴가 어떤 결과를 몰고 올지에 대해서는 당시 너무나 무지했지.

통일벼가 잠시 '기적의 쌀'이라는 평가를 받은 것은 사실이야. 1977년에는 세계 최고의 쌀 수확량을 기록하면서 우리나라는 드디어 쌀 자급을 선언하기도 했어. 더 이상 쌀 부족 국가가 아니라는 것을 세계에 선포한 것이었지. 녹색 혁명의 달성이라고 자찬하며 축제 분위기를 이어 갔어. 14년 만에 쌀로 막걸리를 빚는 것도 다시 허용했지.

이쯤 되니 다음 해인 1978년, 한껏 고무된 정부는 통일벼 신품종으로 야심작 '노풍'을 보급하기에 이르러. 하지만 곧바로 노풍 파동이 터지고 말았어. 노풍의 3분의 2, 다시 말해 우리나라 벼의 거의 3분의 2가 도열병에 걸려 벼가 까맣게 타들어 간 거야. 논에는 도열병에 지극히 취약한 노풍만 있었던 것이지.

이것이 다양성이 배제된 획일화의 문제야. 통일벼로 통일시킨 대가는 어마어마했어. 하나만 보고 갔는데 그 하나에 문제가 생기면 무너질 수밖에 없잖아. 완벽한 하나라면 괜찮아. 하지만 인간이 손을 댄 품종이 완벽할 수는 없어. 지금까지 늘 그랬어. 이번에는 완벽하다고 했지만 완벽한 적은 없었지. 앞으로도 그럴 거야. 완벽히 믿을 수 있는 것은 딱 하나야. 다양한 것이 건강하다는 사실이지.

그런데 벼만 이런 형편일까? 다른 농작물은? 내가 어릴 적 여름방학이 한창이던 8월 초순이면 외가 텃밭에는 옥수수 알갱이가 탱글탱글 영글었어. 잘 영근 옥수수는 찌지 않고 날로 먹어도 달달했지. 그중에서도 가장 잘 영근 옥수수는 누가 차지했을까? 열일곱 대가족의 가장이셨던 할아버지? 아니야. 누구의 것도 아니었어. 옥수수 자신의 것이었으니까.

가장 잘 영근 옥수수 서너 개는 사람의 입으로 들어가지 않았어. 껍질을 위로 젖혀 서로 묶은 다음 대청마루 문지방에 걸어 잘 말렸지. 내년을 위한 씨앗이었으니까. 옥수수뿐만이 아니었어. 처마에는 주렁주렁 달린 것이 많았지. 수수, 조, 귀리, 밀…….

곳간에는 벼, 보리, 콩, 팥, 녹두, 감자, 고구마가 있었어. 아무리 먹을 것이 떨어져도, 설령 굶을지언정 그 곡물에는 손을 대지 않았지. 그 콩은 씨콩이었고, 그 감자는 씨감자였기 때문이야. 작물 그대로 보관이 어려운 호박, 늙은 호박, 오이, 수박, 참외, 토마토 등은 튼실한 개체에서 받은 씨를 따로 보관했어. 이러한 풍경은 집마다 다르지 않았지.

이것은 무엇을 뜻할까? 농작물의 품종이 다양했다는 거야. 우리 옥수수와 이웃 옥수수는 다른 옥수수였던 것이지. 이웃이라도 땅이 다르고, 주는 거름이 다르며, 햇살과 바람결이 다르고, 가꾸는 손길도 다르잖아. 무엇보다 대청마루 문지방의 역사가 달라. 그래서 생김새가 다르고 색깔이 다르며 맛도 달랐던 거야.

그런데 1980년대에 들어서며, 대략 할머니께서 세상을 떠나신 그 즈음부터는 우리 옥수수와 이웃 옥수수는 같은 옥수수가 되고 말았어. 지금은 우리나라의 모든 옥수수가 다 같아. '품종의 획일화'야.

아무 일 없다면 다행이지만 그 하나뿐인 품종에 예상하지 못한 문제가 생기면 끝인 거야. 콩, 호박, 늙은 호박, 오이, 수박, 참외의 상황도 다르지 않아. 씨앗을 사기 때문이야. 사서 쓰니 편하지. 하지만 편리함 뒤에는 대개 늪이 숨어 있어. 허우적거리다 빠져나오지 못하고 죽음을 맞아야 하는 늪.

생각해 보면 대청마루 위에 걸려 있던 옥수수 몇 자루가, 바람이 잘 통하는 광에 보물처럼 모셔 두었던 볍씨가 정답이었어. 하지만 이제 그 시간으로 되돌아갈 수는 없으니 나라가 체계적으로 나서야 할 때야. 어떤 일이 있어도 씨앗은 지켜야 해.

씨앗을 지킨다는 것은 식물을 지킨다는 뜻이며, 식물은 생물 다양성의 기본 축이야. 근래 벼 고유 품종에 대한 관심이 높아지

고 있으며, 지역 특성에 알맞은 품종을 복원하려는 시도가 있는 것은 그나마 다행이야. 어쩔 수 없어. 길은 하나, 시간을 되돌릴 수는 없더라도 다양성의 세계로는 돌아가야 하는 거야.

생물다양성,
어떻게 지켜야 할까?

4

인류가 생존하기 위해선 자연을 소비하는 일을 피할 수 없어. 하지만 지속 가능하도록 아껴 쓰는 길은 있다는 거야. 적어도 생물다양성이 와르르 무너지지는 않도록 말이야. 게다가 자연의 자정 능력이 어느 정도인지 가늠할 기회도 있었어.

코로나 때 하늘이 무척 맑았던 것 기억하지? 자연의 자정 능력이 우리의 생각보다 엄청 크다는 것을 모두 실감했어. 무엇이든 덜 만들고, 뭐라도 덜 쓰고, 조금이라도 덜 움직인 것이 이유였지.

그래, 맞아. 고맙게도 지구에, 지구의 생물다양성에 아직 희망이 남아 있다는 뜻이야. 이 불씨를 꺼트리지 않으려면 사소해 보이는 일에도 주의를 기울여야 해. 우선은 거기서부터 시작하는 거야. 작은 실천이 지구를, 우리를 살려.

우리는 하나로 연결되어 있어

생물다양성을 지키려면 어떻게 해야 하지? 이제 아마도 다양한 답을 말할 수 있을 거야. 그래, 온실가스 배출을 줄여 기후 위기에서 벗어나고, 개발을 최소화하여 생물의 서식지를 보존하고, 생태계에 외래종이 도입되지 않도록 하고, 생물종 전반에 대한 지나친 채취와 남획을 금지하고, 생물종의 유전적 다양성을 확보하고……. 맞아, 우리에게 전혀 방법이 없는 게 아니야.

무엇보다 생물다양성을 위협하는 요소는 기후 변화라 할 수 있어. 안타깝게도 우리가 누리고 있는 모든 현대 문명은 화석 연료의 사용에 기초하고 있지. 연료를 태우지 않고는 한 발짝도 움직일 수 없는 세상을 살고 있잖아.

연료를 쓰지 않고는 먹을 수도 없고, 입을 수도 없고, 잘 수도 없지. 결국 인류는 생물다양성을 갉아먹는 대신 편리함을 누리고 있는 셈인데, 중요한 것은 너무 갉아먹어 생물다양성이 무너지면 인류 또한 연쇄적으로 무너지게 되어 있다는 거야. 시간이 많지 않아. 생물다양성이 벌써 기울고 있기 때문이야.

생물다양성의 회복과 보전을 위해 가장 필요한 것은 자연과 그 안에 깃들인 모든 생명체가 하나로 연결되어 있다는 것을 기억하는 거라고 생각해. 그러면 자연을 지속 가능한 상태로 유지하려는 생각과 그 생각을 지키려는 애씀이 따라오지 않을까? 생물다양성의 중요성을 안다면 눈앞의 이익이나 편리함보다 생태계의 지속 가능성을 더 중요한 가치로 여길 거야.

생명을 살리는 일상 속 녹색 생활

다양한 생물이 더불어 살아가는 온전한 세상으로 가는 길은 쉽지 않아. 하지만 지금 당장 시작해야 해. 우리에겐 시간이 많지 않거든. 더 많은 생명이 사라지기 전에, 더 회복이 어려워지기 전에, 더 후회하기 전에 모두가 나서야 해.

개인이 해야 할 일이 있고 국가 차원에서 해야 할 과업도 많아. 참 다행스럽게도 국가 차원에서나 세계적으로도 많은 노력이 이뤄지고 있어. 내가 속한 지자체가 하고 있는 다양한 생물다양성 사업에 관심을 기울이고 참여해 보는 것도 좋을 것 같아.

개인 차원에서 시도할 수 있는 생활 속 실천도 중요하지. 작은 물방울 하나하나가 모여 강을 이루잖아. 그리고 지금은 그 작은 물방울이 모여야 할 때야. 더 이상 머뭇거릴 시간이 없어 보이거든.

환경부에서 권하는 녹색 생활이 있어. 녹색 생활은 기후 변화의 심각성을 인식하고 일상생활에서 에너지를 절약하여 온실가스의 발생을 최소화하는 생활을 뜻해.

생물다양성의 걸림돌을 디딤돌로 삼아

지구를 위한 작은 행동

녹색 생활, Me First!

이산화탄소(CO_2)를 줄이는 녹색 생활, 내가 먼저 실천해 봐요

실내 온도, 여름엔 28도 겨울엔 20도로 유지합니다.

1도의 비밀

냉난방 온도를 1도 조정하면 연간 128kg의 CO_2가 줄어듭니다.

걷기, 자전거 타기, 대중교통 이용을 생활화합니다.

B.M.W 건강법

버스(B), 지하철(M), 걷기(W)로 내 몸과 지구를 건강하게!

쓰레기를 줄이고 반드시 분리배출합니다.

리사이클링의 생활화

폐플라스틱 1kg을 재활용할 경우, 약 1kg의 CO_2 발생을 줄일 수 있습니다.

일회용 봉투 사용을 줄이고 장바구니를 애용합니다.

환경 사랑 에코백

일회용 비닐 봉투가 분해되는 데는 100년 이상의 시간이 걸립니다.

쓰지 않는 전자 제품의 전기 플러그를 뽑습니다.

플러그 오프

대기 전력은 에너지 제품 이용 전력의 약 10%를 차지합니다.

생활 속 일회용품 사용을 자제합니다.

I love 머그컵

종이컵을 하루 5개 덜 사용하면 연간 CO_2 발생량을 20kg 줄일 수 있습니다.

수도꼭지를 잠그고 물을 아껴 씁니다.

그린샤워 실천

샤워 시간을 1분 줄이면 CO_2가 4.3kg 줄어듭니다.

친환경 운전을 언제나 생활화합니다.

에코 드라이빙

급출발, 급가속을 할 때마다 40원씩 낭비됩니다.

자료: 환경부

어때? 살펴보니 실천하기 어렵지 않지? 마음만 먹으면 얼마든지 할 수 있어. '지구를 위한 여덟 가지 작은 행동' 외에 하나만 더 보탤게. 우리 개개인이 실천하기에 가장 쉬우면서, 효과는 가장 뛰어난 거야.

오늘 학교에서 식사했지? 남기지 않고 다 먹었어? 잔반통에 음식물 쓰레기가 엄청 많지 않았어? 세계에서 매년 약 13억 톤의 음식이 쓰레기로 버려진다는 것 아니? 상하지 않았으며 먹을 수 있는 상태인데 말이야.

인간이 생산하는 음식의 3분의 1 남짓이 버려지고 있어. 이렇게 버려지는 음식의 값어치는 지구상에서 굶주리는 약 8억 명의 4년 치 식량을 구할 액수라고 해.

중요한 것이 또 있어. 음식 재료의 재배, 사육, 가공, 유통, 조리를 비롯한 모든 과정에서 엄청난 탄소가 발생한다는 거야. 음식물 쓰레기로 인해 매년 33억 톤의 이산화탄소가 발생한다고 해. 음식물 쓰레기를 하나의 국가로 본다면 중국과 미국 다음으로 많은 양의 온실가스를 배출하는 셈이지.

그러니 음식물을 남기지 않거나 음식물 쓰레기를 줄이는 것은 기후 변화에 대처하면서 생물다양성을 지키는 가장 확실한 방법이라고 할 수 있어.